CULTURE LUCRAT...

DE

LA TRUFFE

PAR LE REBOISEMENT

PAR

JACQUES VALSERRES

La truffe n'est point un champignon, mais une noix de galle souterraine. Pour l'obtenir à volonté, il faut le chêne truffier et la mouche truffigène.

La plus mauvaise terre du Midi, lorsqu'elle est plantée de chênes bien aménagés, doit, après dix ans, donner un revenu de cinq cents francs par hectare. La trufficulture est le grand auxiliaire du reboisement.

PARIS

LIBRAIRIE DE LA SOCIÉTÉ DES GENS DE LETTRES
5, RUE GEOFFROY-MARIE, 5

LIBRAIRIE ANDRÉ SAGNIER
9, RUE VIVIENNE, 9

LIBRAIRIE BOUCHARD-HUZARD
5, RUE DE L'ÉPERON, 5

ET CHEZ L'AUTEUR, A COURBEVOIE (SEINE)
95, RUE HAUTE-DE-BEZONS, 95

1874

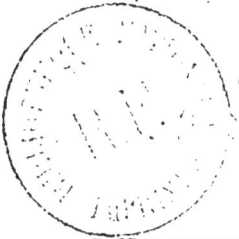

CULTURE LUCRATIVE

DE LA TRUFFE

PAR LE REBOISEMENT

CULTURE LUCRATIVE

DE

LA TRUFFE

PAR LE REBOISEMENT

AVANT-PROPOS

Ce livre devait figurer à la seconde exposition des insectes qui eut lieu à Paris au mois de septembre 1868; mais le temps ne me permit point de l'achever. Depuis lors, les événements n'ont pas été favorables aux publications. J'aurais bien pu, il est vrai, faire imprimer ce livre et le mettre à la troisième exposition des insectes qui a eu lieu en 1872. J'ai cru encore devoir attendre. Cette année, je cède enfin au besoin que j'éprouve depuis si longtemps de faire connaître les nouvelles doctrines sur la truffe. Je sais bien que je vais me mettre en lutte avec l'Académie des sciences, qui professe des théories absolument contraires; mais que m'importe? Comme je n'ai rien à attendre de cet illustre aréopage, j'expose franchement mes idées sur l'origine de la truffe et sur la manière dont elle se forme. A mes yeux, ce mystérieux produit n'est point un champignon, comme le professe l'Académie des sciences, mais bien une noix de galle souterraine formée sur les radicelles de certaines essences par la piqûre d'une mouche. J'espère que mes idées, s'appuyant sur une pratique qui remonte déjà à un demi-siècle, finiront par prévaloir auprès des savants. Il ne s'agit point ici de théories vaines, mais de faits depuis longtemps acquis, d'applications qui donnent de magnifiques résultats. On peut aujourd'hui planter de chênes les plus mauvaises terres du Midi. Bien aménagés, ces chênes, après dix ans, donneront 500 fr. de revenu par hectare. Ils auront, en outre, contribué au reboisement de la France, qui est aujourd'hui une question de salut public.

Mais, dira--on, quel rapport y a-t-il entre l'art

de produire artificiellement la truffe et la science de l'insectologie? Ils sont intimes. Si l'on admet que la truffe est une noix de galle souterraine formée par la piqûre d'une mouche, il est tout naturel de faire figurer un livre sur ce sujet à l'exposition des insectes. N'est-ce point, en effet, chose admirable que l'on puisse reproduire à volonté un tubercule aussi précieux, par la simple multiplication du chêne truffier et de la mouche truffigène? Nous n'avons point à nous expliquer ici sur ce double phénomène. Notre livre est tout entier consacré à la culture des essences truffières et à la manière de produire à volonté les précieux insectes dont le travail mystérieux nous donne le condiment par excellence.

Nous tenons seulement à nous expliquer sur ce point, parce que nous réclamons la priorité en ce qui concerne l'idée des expositions insec-tologiques. Cette idée, comme nous l'avons ex-pliqué ailleurs, remonte au mois de janvier 1865. M. Hamet, secrétaire général de la *Société cen-*

trale d'apiculture, vint un jour me voir et me
proposa un projet d'exposition d'*insectes utiles*.
Je l'écoutai avec la plus grande attention, et lorsqu'il eut fini, je lui dis que son projet était in-
complet, qu'il fallait y ajouter les *insectes nuisibles*. Nous étudiâmes ensemble cette question. Nous
la soumîmes à la *Société centrale d'apiculture*, qui
avait alors pour président M. Blanchard, membre
de l'Académie des sciences. Celui-ci nous fit de
nombreuses objections; mais comme notre dessein était fermement arrêté, il dut bien céder.
Nous le priâmes alors de jeter les bases d'un
programme. Seulement, il fit beaucoup de difficultés pour y admettre les insectes qui, par leur
piqûre, forment la truffe : ce point de vue était
contraire à celui de l'Académie. Après bien des ti-
raillements, les mouches truffigènes, ainsi que
les mouches tubérivores, furent admises. Il fut
enfin arrêté que la première exposition d'insectes
utiles et nuisibles aurait lieu à Paris au mois de
septembre suivant. Je tiens à constater ici la prio-

rité, parce que les personnes qui, dès le début, avaient combattu notre idée voulurent plus tard s'en emparer et s'en attribuer le mérite.

Dans le discours que je prononçai à la distribution des récompenses, je proposai de fonder une société d'insectologie agricole qui, tous les deux ans, devait faire une exposition, et dont le concours devait être très-utile à l'agriculture, alors comme aujourd'hui, exposée aux dégâts d'un infinité de petits êtres destructeurs.

Tout le monde était d'accord sur la nécessité de fonder une société d'insectologie agricole ; mais il fut très-difficile de s'entendre sur les hommes qui devaient la diriger. M. Blanchard avait donné sa démission de président de la *Société centrale d'apiculture*. J'avoue que je redoutais beaucoup que la direction de cette nouvelle société fût confiée à un membre de l'Académie des sciences ou à des personnes qui auraient eu des attaches avec cette dernière. Malgré mon opposition, M. Hamet crut devoir s'adresser à des savants dits *ortho-*

doxes. Dès les premières réunions, ces savants se montrèrent très-hostiles à toute idée qui allait à l'encontre des doctrines de l'Académie. Lorsqu'il fallut rédiger le programme de la seconde exposition, ils refusèrent d'y admettre les mouches truffigènes. A leurs yeux, la truffe n'était qu'un champignon ; ils ne pouvaient point concevoir que ce fût une noix de galle souterraine.

Devant un parti pris, je crus devoir donner ma démission. La Société fit bien, il est vrai, son exposition de 1868 ; mais ses membres étaient tellement divisés sur les questions de principe, les rétrogrades montraient une telle acrimonie contre les libres chercheurs, qu'elle fut obligée de se dissoudre.

Que fit alors la *Société centrale d'apiculture?* Sur la proposition de son honorable président, M. Ducuing, député des Hautes-Pyrénées, elle ajouta à son titre celui d'*insectologie générale*. Il n'était donc point nécessaire de reconstituer l'ancienne société, que les doctrines rétrogrades de ses directeurs avaient fait crouler. La *Société centrale d'apiculture* continuait à être ce qu'elle fut toujours : une réunion de libres chercheurs ; seulement, elle élargissait son cadre et, désormais, allait s'occuper de tous les insectes utiles et nuisibles. C'est alors qu'elle prépara la troisième exposition qui, comme nous venons de le dire, eut lieu au mois de septembre 1872. Je pus ainsi rétablir sur le programme les mouches truffigènes. Malheureusement, les trufficulteurs ne répondirent point à mon appel. Il ne figura dans les vitrines que quelques mouches truffigènes, que les exposants qualifièrent de mouches tubérivores. Je fis néanmoins, sur ce sujet si peu connu, une conférence dont un grand nombre de journaux rendirent compte.

Cette année, j'ai cru devoir me mettre en mesure. J'ai écrit à un assez grand nombre de trufficulteurs pour les engager à venir à notre exposition. Je leur ai en même temps adressé un programme. Si seulement quelques-unes de ces

personnes se rendent à mon invitation, l'exposition de 1874 comptera plusieurs spécimens de
glands et de chênes truffiers, de nombreuses
mouches truffigènes, avec leurs larves et leurs
chrysalides. Il y aura aussi des truffes à tous les
degrés de développement, et qui adhèreront aux racines sur lesquelles elles furent formées. Enfin, je
l'espère du moins, il y aura encore des mémoires
sur les truffières artificielles et sur la culture lucrative du précieux tubercule. Je compte aussi
développer mon système dans plusieurs confé-
rences, ce qui me permettra de démontrer jusqu'à
l'evidence la véracité des nouvelles doctrines et
faire voir toute l'absurdité des doctrines vermou-
lues de l'Académie des sciences.

Mais je ne m'arrêterai point là, pour faire connaître toute la vérité. Dans le dernier chapitre
de mon livre, je trace tout un plan de propagande
truffière. J'appelle à mon aide tous les naturalistes libres chercheurs, les présidents de comices,
tous les praticiens qui possèdent des truffières

artificielles. Si ces personnes veulent bien suivre mon programme et me mettre au courant des observations qu'elles pourront faire, je suis convaincu que, d'ici à peu d'années, les doctrines de l'Académie des sciences n'auront plus la moindre créance, et qu'on rendra à la truffe son véritable caractère, c'est-à-dire qu'on ne la considèrera plus que comme une noix de galle souterraine.

Au reste, les derniers écrivains sur la truffe, bien qu'ils soient devenus membres de l'Académie des sciences, laissent percer le petit bout de l'oreille. M. Tulasne, l'auteur du livre le plus savant sur la matière, a bien soin de ménager toutes les opinions et de n'en jamais formuler aucune. C'est un homme fort habile, bien qu'il croie aux miracles. L'ouvrage de M. Chatin, le nouvel élu, renferme moins de réticences. Comme M. Tulasne, l'auteur décrit ce qu'il a vu dans les principaux centres truffiers. Il n'a pas l'air d'admettre la mouche, et cependant on devine qu'au fond il caresse cette idée. Le voilà maintenant membre de l'Académie.

J'espère que, n'ayant plus rien à redouter de la savante corporation, il jettera prochainement le masque, et que, dans la seconde édition de son livre, il se montrera franchement libre chercheur.

Quant à moi, si jamais il me prend fantaisie d'offrir ce livre à l'illustre corps, parmi ses membres, je ne vois guère que M. Chatin qui puisse me servir d'intermédiaire. De tous les écrivains officiels, c'est celui qui se rapproche le plus de mes idées.

LISTE ALPHABÉTIQUE

DES AUTEURS CITÉS OU ANALYSÉS DANS CE VOLUME.

BEDEL. Rapport au comice de Carpentras sur les truffières artificielles de M. Rousseau (février 1866).

BLANCHARD (Dr). Rapport au comice de Carpentras sur les truffières artificielles de M. Rousseau (février 1862). Inséré dans le *Bulletin agricole du comice de Carpentras* en 1866, n° 1.

BONNET. Les truffes et leur origine. — Des truffes et des truffières artificielles. — Rapports au comice d'Apt, décembre 1857, mars 1858.

BONNET (Henri), fils du précédent. Études sur les truffes au point de vue botanique, entomologique, forestier et commercial, 1869.

BORNHOLZ (de). Culture des truffes, ou moyen d'obtenir, par des plants artificiels, des truffes noires et blanches dans les bois, les bosquets et les jardins, 1826.

BORCH (de). Histoire des truffes du Piémont.

BRAKLEY. Histoire des champignons.

BRESSY. Mémoire sur la truffe noire, et déduction pratique pour la silviculture. (*Bulletin de la Société d'agriculture de Vaucluse,* juin 1866.)

BULLIARD. Histoire des champignons.

CHARVAT (F.). Discussion sur la génération de la truffe, et diverses particularités relatives à la trufficulture, 1863.

CHATIN. La truffe.

DECAISNE. Mémoire sur la truffe. (*Bulletin de la Société de botanique.*)

FABRE. Note sur le mode de reproduction des truffes. — Rapports à la Société d'agriculture d'Avignon, avril 1857.

FLEUROT. Rapport sur la culture des truffes. (Comité central d'agriculture de la Côte-d'Or, mars 1858.)

FRIES. Systema mycologicum.

GALLE. Notice sur la truffe. (*Insectologie agricole*, décembre 1867, juin 1868 et février 1869.)

GEOFFROY. Mémoires sur les champignons.

GOURREAU. Insectes tubérivores. (*Insectologie agricole*, mai 1868.)

ISNARDS (Mis des). Rapport au comice de Carpentras sur les truffières artificielles de M. Rousseau, 18 février 1858, publié en 1866.

LEVEILLÉ. Dictionnaire des sciences naturelles, article *Mycologie*.

LOUBET. Rapports au comice de Carpentras sur les truffières artificielles de M. Rousseau, 12 juillet 1857, 15 avril 1866.

MICHELI. Histoire des champignons.

MOIGNOT (l'abbé F.). Sur la truffe, le chêne truffier et la mouche truffigène. (Extrait du *Cosmos*, septembre 1856.)

PARAMELLE (l'abbé). Article sur la truffe. (*Courrier du Lot*, 1868.)

PLINE. Histoire naturelle.

RAVEL (de Montagnac). Culture de la truffe, 1857. — Culture de la truffe (2e mémoire), 1857.

RASPAIL père. Les truffières artificielles, 1857.

ROBERT. Mémoire sur l'insecte qui engendre la truffe. (Compte-rendu de l'Académie des sciences, 1847.)

TULASNE. Champignons hypogés.

TURPIN. Mémoires sur les champignons.

VITTADINI. Monographica tuberaceorum. — Funghi mangerecci dell Italia.

CULTURE LUCRATIVE

DE LA TRUFFE

PAR LE REBOISEMENT

CHAPITRE PREMIER

Origine de la truffe.

La truffe est-elle un champignon, comme le prétend l'Académie des sciences? Ou bien est-elle une galle souterraine, comme le soutiennent les libres chercheurs? C'est là ce qu'il nous faut examiner rapidement, car ce livre s'adresse plutôt aux praticiens qu'aux savants de profession.

Les doctrines de l'Académie des sciences étaient connues des Grecs et des Romains. Dioscoride nous apprend que les truffes sont des tubercules souterrains, sans tiges, sans feuilles, sans racines. On les déterre au printemps, ajoute-t-il, et on les mange « crus ou cuits. »

Pline s'étonne qu'elles puissent germer et vivre, quoique privées de lumière et qu'elles ne tiennent au sol par aucune radicule. Suivant lui, elles n'aiment que les mauvaises terres sèches et arides, et se déplaisent dans les sols d'alluvion qui se crevassent par la chaleur. Elles se reproduisent par germes que les canaux d'irrigation ou le débordement des rivières répandent dans les lieux favorables à sa végétation.

Ces connaissances sont celles qui forment encore aujourd'hui le bagage de l'Académie. Seulement, Pline ne nous parle point de la manière dont se nourrit la truffe et ne nous dit pas si elle absorbe directement les matériaux dont elle se compose. Cette branche de l'histoire naturelle a fait l'objet de nombreuses études de la part des micologues, et est encore la partie la plus obscure des doctrines de l'Académie.

Cette dernière adopte également, sans l'avoir vérifiée, la reproduction de la truffe par les spores. Cette théorie avait sa raison d'être à une époque où les sciences étaient tout à fait conjecturales ; mais aujourd'hui, avec la méthode d'expérimentation, il n'est plus permis d'admettre aussi légèrement une doctrine vieille de plusieurs siècles.

Pline pensait que la truffe se forme vers l'automne et qu'elle végète à peine une année. C'est là encore ce que croient nos praticiens du Midi. Toutefois, il est probable que la truffe d'hiver se forme durant les mois de juillet, d'août et de septembre ; c'est une question à étudier.

Pline attribue à la foudre ou à l'électricité, comme on

dit de nos jours, une très-grande influence sur le développement de la truffe. Cette opinion a-t-elle quelque fondement? La science officielle ne s'en explique point; mais il est incontestable que l'électricité joue un très-grand rôle dans la vie des plantes, aussi bien que dans la vie des animaux. En ce qui concerne la truffe, les cultivateurs de Vaucluse, sans qu'ils puissent s'en rendre compte, reconnaissent que celles récoltées au pied de l'yeuse, du kermès et du chêne vert sont plus grosses, dégagent bien plus de parfum et ont plus de saveur que celles recueillies au pied des chênes blancs. Pourquoi cette différence? Il faut l'attribuer avec Pline à l'influence de la foudre ou mieux encore de l'électricité. Les essences que nous venons de nommer ont leurs feuilles hérissées de piquants, et attirent ainsi bien plus le fluide électrique que les feuilles sans découpures du chêne blanc. De là, sans doute, les différences établies par les cultivateurs de Vaucluse. L'Académie adoptera-t-elle cette explication, à laquelle elle n'avait point songé?

Toutes ses doctrines sur la génération et le développement de la truffe peuvent se résumer en quelques lignes. Privée de racines, de feuilles et de branches, elle peut naître de deux manières : par le *mycelium*, sorte de fil ténu que l'on considère comme le point initial de la vie végétative, et que l'on constate chez le champignon. C'est au moyen de ce mycelium, que les jardiniers de Paris appellent *blanc*, que se reproduisent les champignons de couches. Cette opinion ne peut point s'appliquer à la truffe, qui est un tubercule d'un degré plus élevé dans l'échelle de la vie que les simples cryptogames.

En second lieu, la truffe peut provenir de *sporules*, sortes de graines enfermées dans la chair des tubercules; seulement, l'Académie ne nous dit ni quelle est la forme de ces graines, ni d'où provient leur fécondité. La vie n'émane que d'une graine ou d'un œuf. Or, pour que cette graine ou cet œuf puisse se reproduire, il faut qu'il soit fécondé. Où sont dans la truffe les deux organes mâle et femelle qui peuvent donner la graine? Jamais on n'a pu constater leur existence. Il résulte au contraire des études anatomiques de M. Tulasne que la truffe n'est pas un hermaphrodite, qu'elle se compose de pulpes traversées par des canaux aériens. C'est par ces canaux que la truffe respire; mais M. Tulasne n'a jamais découvert les spores dont il parle si éloquemment. Si la truffe avait en elle tous les moyens de se reproduire, on résoudrait ce problème, soit en semant des tubercules, soit en en semant des tranches. Or, on verra plus loin que toutes les tentatives faites pour obtenir des truffières artificielles par ce procédé n'ont pu aboutir; d'où il faut conclure que la truffe ne possède point en elle le principe de la reproduction.

L'Académie, après avoir admis avec Pline et Dioscoride que la truffe n'a ni feuilles, ni branches, ni racines, se met en contradiction avec elle-même, au sujet de la nutrition. Il ne suffit point, en effet, qu'un être prenne naissance; pour vivre, il faut qu'il puisse s'assimiler les matériaux qui entrent dans sa composition. Or, que dit l'Académie relativement à la nutrition de la truffe? Elle soutient qu'au moyen de racines invisibles, elle s'assimile les éléments propres à son accroissement. C'est une hypothèse que l'Académie n'a jamais vérifiée, et qui est contraire à tous les faits de l'histoire naturelle. Une plante ou un animal ne peuvent, en effet, s'assimiler les matériaux dont ils ont besoin qu'à une condition : c'est d'avoir un appareil qui serve de laboratoire aux matériaux. Chez le végétal, cet appareil, c'est le canal médullaire qui donne passage à la sève; ce sont les feuilles qui s'assimilent les gaz de l'athmosphère; ce sont les radicelles qui absorbent les éléments de nutrition contenus dans le sol. La truffe possède-t-elle tous ces organes pour s'assimiler les matériaux qui la constituent? Non. M. Tulasne, armé de son microscope, n'a jamais pu rien y reconnaître de semblable. Il faut donc en conclure que les doctrines de l'Académie des sciences sur la nutrition de la truffe ne peuvent être prises au sérieux.

Alors, comment se forme le précieux tubercule? Les libres chercheurs le considèrent comme une excroissance radiculaire déterminée par la piqûre d'un insecte. La truffe n'est donc dans ce système qu'un simple parasite qui tire sa vie et sa substance de l'arbre sur lequel il est formé. Cette théorie est simple, et n'a pas besoin de longs développements pour être comprise.

Les doctrines des libres chercheurs qui considèrent la truffe comme une noix de galle souterraine reposent sur dans un milieu semblable à celui où elles se trouvent au bas du chêne. Comme ces truffes renferment un certain nombre d'œufs déposés par la mouche, arrivés à un certain état de décomposition, ces œufs écloront et dévoreront l'intérieur de leur prison. On peut s'assurer de cette première phase de l'opération en disséquant le tubercule. Lorsque la larve aura atteint tout son développement, elle se changera en chrysalide que l'on pourra récolter aussi facilement que les larves. Après un certain temps, les chryysalides se changeront elles-mêmes en mouches. Nous avons fait plusieurs fois ces essais. Ils ont toujours réussi lorsque les truffes avaient été placées dans un lieu obscur et une terre légèrement humide. C'est vers la fin de mai ou au commencement de juin qu'apparaissent les mouches. En est-il de même lorsque l'opération est abandonnée à la nature? C'est là ce que nous n'avons pu encore constater, mais il est bien certain pour nous qu'avec des truffes mises en réserve comme nous venons de le dire, vers la fin du mois de mars, on obtient des mouches truffigènes vers le mois de juin.

Que deviennent ces mouches? L'observation ne nous l'a point encore appris. On pourrait supposer seulement que c'est vers le mois de juin qu'elles commencent leur travail et qu'elles le prolongent jusque vers la fin de septembre. C'est là une question fort obscure et sur laquelle nous avons garde de nous prononcer. Ce travail, en quoi consiste-t-il? La mouche s'introduit dans le sol à la recherche des radicules du chêne. Elle les pique et y in-

sère ses œufs. Puis il n'y a plus qu'à attendre l'époque
où l'on récoltera les tubercules. Voilà, certes, un système fort simple et au moyen duquel il est facile d'expliquer tous les phénomènes qui sont jusqu'ici restés inexplicables pour l'Académie des sciences.

Existe-t-il plusieurs sortes de mouches truffigènes?
Cela est présumable. On peut penser qu'il y a autant de
mouches différentes que de truffes différentes. Or, comme
d'après M. Tulasne le genre tuber comprend 21 espèces,
plus 3 sous-espèces, il faudrait en conclure qu'il y a au
moins 24 sortes de mouches ; mais ce n'est là qu'une hypothèse. Quant à nous, nous en connaissons deux espèces
bien caractérisées : les unes ont les ailes couleur d'azur,
les autres couleur de lie claire. Ensemble elles offrent
la même conformation. Elles sont très-effilées, afin
qu'elles puissent plus facilement pénétrer dans le sol.
Leur principal organe est une tarière qui part du milieu
du ventre et se prolonge dans un fourreau jusqu'à l'extrémité du corps. Cette tarière sort du fourreau très-
longue et très-aiguë, lorsque la mouche pique les radicules. M. Tulasne ne nous dit point combien il y a de
sortes de mouches truffigènes, puisqu'il n'y croit pas.
M. Bonnet pense qu'il n'en existe qu'une sorte ; mais
M. Ravel croit que chaque espèce de chêne doit avoir sa
mouche. La même opinion est professée par M. Galle.
C'est aussi la nôtre, et nous nous basons sur les différents
insectes qui font les noix de galle aériennes. La galle des
feuilles, qui est spongieuse et molle, n'est point l'œuvre

d'un insecte semblable à celui qui pique la branche du chêne et donne la galle dure; mais puisque la variété des mouches existe en ce qui concerne les galles du chêne et les bédéguards qui excroissent sur le rosier, sur le saule et autres essences, il faut en conclure qu'il existe autant de mouches trufligènes qu'il y a d'essences différentes dont les racines produisent des tubercules. C'est là une question complètement neuve et qui mérite d'être étudiée avec soin. Elle ouvre un vaste champ aux naturalistes de la nouvelle école.

Les mouches trufligènes ont des mœurs particulières que les trufficulteurs doivent connaître, s'ils veulent que leurs plantations de chênes réussissent. Elles ne travaillent jamais dans les gazons, sur les sols couverts de fumier, de feuilles, de débris en décomposition. C'est un fait généralement reconnu que, dans les terrains ainsi recouverts, on ne rencontre jamais de truffes. MM. Bonnet et Ravel déclarent que les fumiers leur sont incompatibles et qu'elles fuient l'obscurité. En revanche, elles aiment le soleil. Sa chaleur vivifiante semble les pousser à l'accouplement. Elles ne pénètrent jamais dans les massifs et recherchent les abris. Un temps calme leur convient. Le vent les disperse. Il leur faut, pour bien faire leur travail, une couche végétale suffisamment poreuse. Telles sont les mœurs des mouches trufligènes. Comme l'Académie des sciences n'y croit point, on ne les a pas encore étudiées.

Les savants sont beaucoup plus experts sur les mouches

parasites dont ils donnent la nomenclature avec le plus grand soin.

Les parasites qui dévorent la truffe leur ont fait oublier le merveilleux insecte qui lui donne le jour par sa piqûre. En 1868, la *Revue d'insectologie agricole* publiait un mémoire sur les mouches tubérivores. Ce mémoire les divise en huit groupes appartenant à différents genres que l'auteur décrit avec complaisance. Il en avait obtenu plusieurs variétés au moyen de truffes récoltées dans les différentes régions de la France.

On peut les classer en deux genres bien distincts : le premier comprend les mouches qui voltigent à la surface et servent de guide aux maraudeurs dans leurs recherches. Ce genre ne paraît point s'enfoncer dans le sol ; il attend l'extraction des tubercules, puis il s'empresse de déposer ses œufs dans de petites galeries qu'il pratique sous la peau. L'éclosion est très-rapide : c'est ce qui explique pourquoi, après quelques jours, les truffes fraîches renferment des larves. Ces dernières, il faut le remarquer, n'ont aucune espèce de rapport avec les larves de la mouche truffigène qui éclosent bien longtemps après.

Le second genre de tubérivores comprend les mouches qui, attirées par le parfum de la truffe, pénètrent dans le sol, atteignent les tubercules et y déposent leurs œufs. Voilà pourquoi on trouve quelquefois des larves dans les truffes que l'on extrait du sol, et qui commencent à être molles. Nous le répétons, les larves de l'un et de l'autre genre n'ont aucun rapport avec celles produites par les œufs de la mouche truffigène.

Ainsi, trois espèces de mouches existent qui ont été peu ou point étudiées par les naturalistes. Ce sont d'abord celles qui piquent les radicelles du chêne pour y déposer leurs œufs; ensuite, celles qui dévorent les truffes aussitôt après leur extraction ; enfin celles plus inconnues encore qui s'enfoncent dans le sol à la recherche des tubercules mûrs.

Nous venons de dire que M. Tulasne reconnaît vingt-et une espèces de tubers et trois sous-espèces. Cette classification n'a aucune utilité pratique. M. Bonnet, président du comice agricole d'Apt, n'en énumère que cinq pour le comtat Venaissin. Ce sont : la *blanche* ou *mayenque* (du mois de mai), la *noire* ou *d'hiver,* la *muscadette*, la *pebrado* et le *nez-de-chien*. Les deux premières seulement font dans Vaucluse l'objet d'un commerce que l'on puisse citer ; les trois autres n'ont aucune valeur culinaire et ne servent que trop souvent à faire la fraude.

D'après M. Bonnet, la truffe blanche vient aux pieds des mêmes chênes que la truffe noire. C'est là une question qu'il faudrait étudier. Car s'il existe autant de mouches différentes qu'il y a d'espèces de quercinées, la truffe blanche ne devrait point être produite par les chênes sur les racines desquels se trouve la truffe noire. Ce sont là deux variétés distinctes; la blanche paraît être formée par la sève de printemps, tandis que la noire le serait par la sève d'automne. Il y a là un problème de physiologie végétale qui appelle l'attention des botanistes.

La *truffe blanche* a la peau lisse et noire, la chair jaunâtre et veinée de blanc. Elle manque de parfum, c'est-à-dire que, suivant les découvertes de M. Tulasne, ses spores ne renferment point d'huile essentielle. Aussi n'offre-t-elle qu'un condiment peu recherché pour la cuisine. On la fouille au mois de mai, ce qui lui a fait donner le nom de *mayenque* dans la Provence.

La *truffe noire* ou d'hiver est blanche au mois d'octobre ; mais à mesure que la saison s'avance, elle devient grise, puis noire, veinée de blanc. Arrivée à ce point, elle paraît avoir fini sa croissance. Il ne lui reste plus alors qu'à mûrir. Or, ce moment arrive lorsqu'elle dégage son parfum. Cette espèce a toujours la peau noire, rugueuse, disposée en petites pyramides. C'est la seule qui ait une grande valeur culinaire. C'est sur elle que portent presque toutes les transactions.

M. Bonnet ne cite pas la *truffe grise* de Bourgogne, qui fait l'objet d'un assez grand commerce, mais qui n'a qu'un médiocre parfum. Comme importance, cette variété se classe entre la truffe blanche et la truffe noire.

La *muscadette*, comme son nom l'indique, a une forte odeur de musc. C'est là ce qui est cause qu'on ne peut pas la mélanger avec l'espèce noire ; sa chair est rousse et ne trouve aucun emploi dans les usages culinaires.

La *pebrado* a un goût piquant qui rappelle celui du

poivre. Elle dégage très-peu de parfum, et par conséquent peut bien se prêter aux mélanges.

Mais il n'en est pas de même de l'espèce que M. Bonnet nomme *nez-de-chien*, dont l'écorce est fine et rougeâtre. Elle a une odeur tellement désagréable, que la présence d'un seul de ces tubercules dans une boîte de conserves la rend immangeable.

Il y a encore d'autres espèces dont M. Bonnet ne nous parle point, parce que probablement elles sont inconnues dans Vaucluse. Citons entre autres celle qui a le goût de l'ail. On la trouve en Piémont, où on la fait servir dans les ménages pauvres. On la rencontre aussi du côté de la Bourgogne, mais elle n'a aucun emploi dans le commerce.

M. Bonnet ne nous dit pas au pied de quels arbres poussent toutes ces variétés. Il y aurait une étude très-intéressante à faire au sujet de l'influence que la sève peut exercer sur le tubercule. Il est très-probable que le goût de l'ail, du musc, du poivre, etc., provient de la sève, puisque la truffe n'est qu'une transsudation des liquides qui parcourent les radicelles ; mais comme c'est là une question étrangère à la pratique et qui n'intéresse en aucune façon les propriétaires du comtat Venaissin, M. Bonnet n'a pas cru devoir s'en occuper. Nous imiterons son exemple. Nous traiterons surtout dans ce livre tout ce qui a rapport à la truffe noire, celle qui joue le principal rôle dans le commerce et l'art culinaire.

Tels sont en résumé les deux systèmes au moyen desquels on cherche à expliquer l'origine de la truffe. La théorie de l'adhérence des tubercules à la racine, ainsi que la théorie de la mouche truffigène, sont la base des doctrines des libres chercheurs. Les moyens que la nouvelle école proclame se distinguent par leur admirable simplicité et par la facilité avec laquelle ils expliquent les phénomènes les plus obscurs se rattachant à la trufficulture. Au contraire, les doctrines de l'Académie des sciences se font remarquer par leur extrême complication et l'impossibilité ou elles se trouvent de résoudre les questions les plus élémentaires relatives à l'histoire naturelle de la truffe. Avec les libres chercheurs, toutes les obscurités disparaissent. Il n'est pas de phénomène duquel on ne puisse se rendre raison ; avec l'Académie des sciences, tout est mystère. Les impossibilités surgissent à chaque pas. Il n'est point permis de soulever le coin du voile qui couvre l'origine de la truffe. Nous espérons que, malgré la tempête que ce livre va soulever dans le monde de la science officielle, tout homme raisonnable, ayant le bon sens qui court la rue, se rangera du côté des libres chercheurs et acceptera leurs doctrines.

CHAPITRE II

Les truffières artificielles d'après l'Académie des sciences.

L'homme peut-il produire par artifice ce que la nature lui donne sans travail? Il le peut dans de certaines limites, et c'est là ce qui assure sa suprématie sur le globe.

De quelle manière cette reproduction peut-elle avoir lieu? La reproduction artificielle a lieu le plus souvent par des semis. On peut aussi y employer les boutures. Il faut donc que la plante dont on veut multiplier les fruits ait des graines, et que ces graines soient elles-mêmes fécondes. Or, on se demande si la truffe est une véritable plante pourvue de graines et portant avec elle les germes de générations futures.

Dépourvue de racines, de tiges et de feuilles, la truffe n'est point une plante, mais bien un parasite radiculaire. En cette qualité, elle ne doit point avoir de graines, et par conséquent, si l'on peut la reproduire artificiellement, ce ne doit point être par des semis. Pourrait-on la reproduire en plantant le tubercule lui-même? Pas davantage, parce que la truffe ne renferme en elle aucune espèce de germes d'où puissent sortir d'autres sujets.

Alors, quels procédés peut-on employer pour multiplier

par artifice ce précieux tubercule? Si la truffe n'est point
une plante, elle ne peut être qu'une excroissance formée
sur les racines d'un arbre. On la trouve toujours au
pied de certains chênes, et souvent on en découvre qui
adhèrent encore aux radicelles dont elles ne sont qu'une
émanation. D'où on est en droit de conclure que, pour
multiplier la truffe, il faut d'abord multiplier les essences
qui lui sont favorables.

C'est ainsi que le comprennent les cultivateurs de Vaucluse, de la Vienne et de la Dordogne. Ils ont semé des
·glands de chêne sur des étendues considérables, et au
pied de ces arbres, après cinq ans, ils obtiennent déjà
quelques tubercules, et après dix ans une récolte pleine.
C'est ainsi qu'ils sont parvenus à mettre en valeur les
plus mauvaises terres, dont ils retirent un revenu moyen
de 500 fr. par hectare. Telle est la manière dont les praticiens du Midi comprennent les truffières artificielles. Les
résultats officiellement constatés par les comices agricoles,
et surtout par celui de Carpentras, nous dispensent de
plus longs commentaires.

Est-ce de la même façon que l'Académie des sciences
comprend la reproduction artificielle de la truffe? Non,
l'Académie persiste à croire que la truffe est une plante
pourvue de graines fécondes et qu'elle peut se multiplier
par des semis. Avec ces idées, elle conseille de planter
des tubercules si l'on veut en récolter, et considère
comme une utopie la méthode que les praticiens em-
ploient avec le plus grand succès. Mais afin de faire mieux

comprendre encore combien l'Académie est dans l'erreur, nous allons exposer rapidement son système relatif à la création des truffières artificielles.

Rappelons d'abord en quelques mots ce que nous avons établi précédemment. D'après l'illustre corps, la truffe n'est qu'un champignon et se forme de la même manière que ces êtres inférieurs. A une faible distance de la superficie naissent des *mycelium* qui jettent leurs mille rameaux dans tous les sens, mais de manière à ce que l'ensemble de ces tissus mystérieux affecte toujours une forme ronde. Comment ces *mycelium* prennent-ils naissance? Pourquoi dirigent-ils leurs rameaux dans un sens plutôt que dans un autre? C'est, nous dit-on, parce qu'ils rencontrent les conditions favorables à leur développement : par exemple, l'humidité. De lumière ils n'en ont pas besoin, puisqu'ils la fuient. Ces *mycelium* mettent souvent plusieurs mois à se former. Vienne une pluie favorable, et dans l'espace de quelques heures, on verra surgir des champignons à la surface.

Cette végétation peut-elle être reproduite artificiellement par l'homme? Oui, en ce qui concerne un petit nombre d'espèces, entre autres le champignon de couches que l'on cultive sur une grande échelle dans les carrières de Paris. Les champignonnières artificielles sont faciles à établir. On se procure du *mycelium* appelé *blanc* de champignon par les jardiniers; on sème sur des couches faites avec du crottin de cheval; on arrose, et on n'attend plus que la récolte.

Ce procédé de reproduction, qui réussit lorsqu'on l'applique à l'agaric, est-il aussi efficace à l'égard de la truffe? Il n'a jamais pu donner le moindre résultat. Comme nous venons de le dire, la raison de cet insuccès est facile à comprendre : la truffe n'étant qu'une excroissance radiculaire, il n'est point possible de la reproduire par des semis, pas davantage qu'on ne pourrait reproduire les noix de galle aériennes en les semant elles-mêmes.

L'histoire des nombreuses expériences faites dans cette voie et des nombreux échecs qui les suivirent serait beaucoup trop longue. Aussi ne voulons-nous point remonter au-delà du siècle dernier, où nous trouvons Buffon et son grand esprit. L'idée de créer des truffières artificielles devait séduire ce naturaliste, qui concevait si bien à la fois l'ensemble de la création et ses détails les plus finimes. Il se mit donc résolument à la recherche des moyens propres à reproduire le précieux tubercule ; malheureusement Buffon était membre de l'Académie des sciences, et c'est ce qui l'empêcha de réussir.

En face de son jardin de Montbard, il y avait un bois de chênes qui donnait alors de la truffe et qui en donne encore aujourd'hui. Ce bois est exposé au midi. Le jardin de Buffon, que l'on a religieusement conservé, tourne vers le nord. La terre n'est pas de même nature. « Puisque la truffe est un champignon, se dit le naturaliste, je dois pouvoir la reproduire en semant des spores. » C'est pourquoi il prit des tubercules bien mûrs, les enterra dans

une plate-bande et attendit. Un an, deux ans ne lui fournirent rien.

Buffon crut alors que le sol jouait le plus grand rôle
dans la germination de la tubéracée. Il fit donc apporter
de la terre prise aux pieds des chênes truffiers et en com-
posa une forte couche. Sur cette couche, il sema de nouveau des tubercules. Plein de confiance dans son nouveau
procédé, il attendit impatiemment l'époque des fouilles.
Mais ses espérances furent encore déçues. Plusieurs fois
le naturaliste revint à la charge et ne put jamais obtenir
aucun résultat.

Depuis Buffon, d'autres essais du même genre furent
de nouveau entrepris par ses disciples. Les plus
connus sont ceux du comte de Broch et de Bulliard,
que ces savants décrivent dans leurs ouvrages. Leur
système est le même que celui expérimenté plusieurs
fois à Montbard ; il consiste à prendre la terre des truffières naturelles, d'en faire une forte couche et d'y semer
des tubercules. Dans le *Dictionnaire d'histoire naturelle*,
(article *Truffe*), Parmentier parle de ces essais et prétend
qu'ils ont « jusqu'à un certain point réussi, mais qu'on ne
leur a pas donné de suite. » En conséquence, il conseille
de les reprendre ; c'est en effet ce qui a eu lieu ; malheureusement, toutes ces tentatives ont été vaines. Citons-en
une néanmoins qui a fait un certain bruit dans le monde
scientifique et qui mit les gastronomes en émoi. Elle appartient à un naturaliste allemand, M. Alexandre de Bornholz.

M. de Bornholz, dans une brochure traduite en 1826

par M. Michel Oégger, affirme pompeusement que le secret de la reproduction artificielle de la truffe est enfin
trouvé. C'est à l'Italie qu'est due cette découverte; de
là elle a passé en France, puis en Allemagne; partout,
ajoute-t-il, son application a donné lieu à de bons résultats. Après ce début, le naturaliste d'outre-Rhin fait con-
naitre son procédé, qu'il décrit longuement et dans un
style passablement obscur. Nous allons en résumer les
principaux caractères.

M. de Bornhoiz compose une sorte de terreau avec
l'humus des truffières naturelles, et un mélange de feuilles
de chêne, de sciures de cette essence, d'écorces réduites
en poudre, de résidus de tannerie; il brasse ce mélange
et le laisse se décomposer. Lorsqu'il est homogène, il le
dispose dans un lieu bas et humide, par couche de 2ᵐ50
d'épaisseur, et l'arrose fréquemment.

Lorsque toutes ces dispositions sont prises, il extrait
des truffes de moyenne grosseur, pleines de force et de
vitalité. Il les arrache avec la motte de terre, les place
dans une caisse hermétiquement fermée et les transporte
sur son compost, préparé ainsi que nous venons de le
dire. Là, vers le soir, il les dépose avec précaution. Suivant la nature et le degré d'humidité du terreau, il en-
fonce la truffe à une profondeur qui ne dépasse pas
15 centimètres. Cette opération doit se multiplier à l'automne ou au printemps; s'il fait trop sec, il faut arroser,
et dès que le froid arrive, recouvrir les semis d'une
épaisse couche de feuilles de chêne.

Pour compléter sa truffière artificielle, M. de Bornholz y distribue çà et là des chênes et des bouleaux, dont l'ombrage est, suivant lui, une condition de succès. Si l'on se trouve dans un parc ou dans un jardin, les arbres fruitiers peuvent suffire. Ainsi organisée, la truffière est abandonnée à elle-même. On a seulement soin d'arracher les grandes herbes qui pourraient épuiser le sol, mais on peut laisser les petites. Comme dernière recommandation, on aura toujours soin de tenir le terrain un peu humide.

Tous ces préliminaires remplis, il n'y aura plus qu'à attendre la fin de l'année. Vers l'automne, on trouvera déjà quelques petites truffes; mais si l'on veut les avoir plus grosses, on devra les laisser complètement mûrir.

Tel est le système allemand. Nous doutons fort que jamais il ait rien produit. Il y a dans ce système une idée qui domine : c'est l'influence des feuilles de chêne et de tous les détritus qui proviennent de cette essence. La même idée se trouve chez M. Tulasne, mais à un degré moindre. Ce qui semble surtout préoccuper ce dernier, c'est l'action que l'ombre du chêne doit exercer sur la germination de la truffe.

Le naturaliste allemand la considère comme une transition entre le règne animal et le règne végétal. Après avoir dit qu'elle poussait sur des terrains arides et maigres, il commet l'inconséquence de composer ses couches avec des feuilles de chêne et autres détritus de cette essence. En hiver, il recouvre les semis avec les mêmes feuilles.

Tout cela, il faut l'avouer, est en contradiction avec sa théorie et l'observation des faits.

L'idée que le sol doit être humide vient de ce qu'on a cru longtemps que la truffe était un champignon. C'est là une erreur dont il n'a pu s'affranchir. C'est la même préoccupation qui ne permet pas à M. Tulasne de reconnaître que la truffe est une noix de galle souterraine. Il est d'autant plus blâmable de cette méprise qu'il a eu sous les yeux tous les moyens de vérifier la bonté de cette théorie. En résumé, si l'on suivait à la lettre les préceptes du naturaliste allemand, on ferait beaucoup de dépenses pour établir des truffières artificielles, et l'on n'obtiendrait jamais un seul tubercule. Ce qui prouve que cette méthode est absurde, c'est l'oubli dans lequel elle est tombée ; personne aujourd'hui ne la connaît.

Les essais faits en Angleterre par Brecley n'eurent pas plus de succès, bien que ce naturaliste ait cru un instant que sa découverte serait pour lui un coup de fortune. En France, Boucher-Dumarcq, après avoir répété ces mêmes essais, a écrit deux mémoires sur la truffe dans lesquels il affirme que toutes les tentatives de reproduction artificielle, faites jusques alors, et répétées par lui, n'avaient été suivies d'aucun résultat. Cette conclusion est très-nette et ne peut laisser le moindre espoir aux partisans des ovules et des sporules.

Après avoir constaté toutes ces déceptions, M. Tulasne ajoute : « Le seul fait qui soit hors de doute, c'est qu'on peut facilement déterminer la production des truffes dans certains sols où jusque-là on n'en aurait point observé. L'artifice consiste à semer des glands dans ces terrains, et lorsque les chênes qui en naissent ont atteint dix à douze ans, on commence à récolter les truffes dans les intervalles qui les séparent. Les truffières, actuellement si étendues dans les environs de Loudun, ne doivent pas leur origine à une autre cause. »

Cet aveu fait, M. Tulasne, qui ne voulait point se brouiller avec l'Académie des sciences (depuis il en est devenu membre), place aussitôt un correctif : il émet un doute au sujet des truffières artificielles qui, depuis de longues années, laissent de très-beaux bénéfices. Il fallait bien qu'il essayât d'atténuer la portée d'une découverte qui n'avait point été faite par ses patrons, et qui donnait une entorse à leur théorie. « En supposant, écrit-il, que la culture purement artificielle des truffes, comme celle qui serait praticable dans un jardin, dût un jour être couronnée de succès, nous doutons qu'elle pût équivaloir à la culture indirecte, si l'on peut ainsi parler, que les Loudunois semblent avoir les premiers mise à profit. Aussi, serait-il à souhaiter que leur exemple fût suivi dans une foule de lieux où il pourrait l'être avec profit. Leur méthode, qui a pour conséquence de créer des bois où il n'en existe point, mérite doublement d'être recommandée. » Voilà ce qui s'appelle ménager la chèvre et le chou.

Avant de conclure, M. Tulasne ne pouvait pas laisser l'Académie sous le coup des essais malheureux qu'il cite relativement à la reproduction artificielle de la truffe, et

qui mettent en désarroi les doctrines de la savante compagnie. Il fallait bien verser quelque peu de baume sur
la plaie que la théorie nouvelle a faite à son amour-propre.
M. Tulasne est un homme adroit qui sait contenter tout
le monde. Voici comment il s'exprime en terminant la
seconde partie de son livre : « Quant à la méthode consistant à répandre des fragments de truffes mûres dans
un terrain boisé qui ne produit point encore de champignons, nous croyons qu'elle peut aussi donner des résultats satisfaisants ; mais elle ne devra être tentée que dans
des circonstances offertes par les truffières naturelles. On
reconnaîtra alors qu'une foule de lieux, supposés improductifs en truffes, en produisent réellement déjà avec
plus ou moins d'abondance, et que beaucoup de bois
pourraient être convertis en truffières à l'aide de quelques
soins, qui consisteraient surtout à diminuer le nombre
des arbres, et à débarrasser le sol des broussailles qui
l'empêcheraient de recevoir à la fois facilement les eaux
pluviales et l'influence directe des rayons du soleil. »

Ainsi, M. Tulasne certifie que si l'on sème des truffes
mûres dans une jeune plantation qui n'en a point encore
produit, on pourra obtenir des résultats satisfaisants.
M. Tulasne sait bien le contraire. Mais en combinant
ces semis de truffes avec l'époque où les arbres
deviendront féconds, il est bien sûr de toujours réussir.
M. Tulasne caresse ainsi les dernières illusions de
l'Académie.

Un enfant terrible de la science, apprenti académicien,

M. Fabre, professeur d'histoire naturelle au lycée d'Avignon, n'y met pas tant de formes. M. Tulasne, nous venons de le voir, cherche à se concilier tous les partis. Eh bien ! M. Fabre attaque les nouvelles doctrines sur la truffe avec une véhémence dont, il faut l'espérer, on saura prochainement lui tenir compte. Nous allons faire voir avec quel suprême dédain il traite la théorie de la mouche truffigène. Il est tout aussi peu parlementaire à l'égard des faits accomplis qui concernent les truffières artificielles. Il n'y voit « qu'une idée paradoxale qui répugne aux notions les plus élémentaires de la physiologie, et qui doit être reléguée avec celle des mouches truffigènes dont elle fait le digne pendant. » Voilà comment M. Fabre prépare sa candidature à l'Académie des sciences.

De quoi s'agit-il ? Des truffières artificielles de M. Rousseau. M. Fabre est irrité de ce que, contrairement aux données de la science officielle, M. Rousseau ait réussi dans ses essais. Qu'importe à M. Fabre que M. Rousseau et ses nombreux imitateurs se soient enrichis au moyen de leurs plantations ! Périssent plutôt toutes les truffières artificielles que les doctrines de l'Académie, seraient-elles le comble de l'absurde ! Que dit, en effet, l'Académie ? « Si vous voulez faire des truffières artificielles, semez de la truffe ; » elle le conseille à outrance, encore que les nombreux essais faits dans cette voie n'aient jamais rien produit. Au contraire, M. Rousseau dit à son tour, et avec l'autorité que donnent vingt-six ans de réussite :

« Si vous voulez récolter de la truffe, plantez du chêne. »
Et il ajoute ce conseil, que je prie M. Fabre de bien re-
tenir : « Si vous voulez que vos chênes soient féconds, ne
les fumez point avec les débris de ce tubercule ; j'en ai
fait l'expérience malheureuse. J'ai répandu aux pieds de
chênes très-productifs des râclures de truffes, et ces
arbres ont aussitôt cessé de produire. » Comment concilier ces faits, connus de tout le monde dans Vaucluse,
avec les doctrines de l'Académie des sciences?

Après avoir flétri comme elle le mérite une méthode
de culture qui s'est effrontément affirmée en dehors de
l'Académie, M. Fabre nous explique comment lui, docteur
ès-sciences, entend les truffières artificielles. Écoutons
cet oracle qui, sous plus d'un rapport, rappelle ses aînés
du temple de Delphes : « Il est indubitable, s'écrie-t-il
avec un accent inspiré, que les truffes, que tous les botanistes s'accordent à regarder comme des champignons,
dépendent, elles aussi, d'un mycelium dont elles ne
constituent que l'inflorescence. Il y a donc, dans le voisinage des truffes, des filaments blancs, noyés, perdus
dans le sol, et qui, par leur situation, leur texture fragile,
leur ténuité, passent inaperçus pour un œil moins
exercé que celui d'un botaniste. C'est sur ce *mycelium*,
ou plutôt sur les mottes de terre qui le contiennent, car
on ne peut songer à recueillir séparément des filaments
qui mettraient notre patience en défaut ; c'est, dis-je, sur
les mottes de terre enveloppant les truffes que notre
attention doit spécialement se diriger. C'est dans le *my-*

celium et les spores, et seulement là, qu'on peut espérer de trouver une solution à notre problème.

« Mais ce n'est pas tout que d'avoir à sa disposition des tranches de truffes mûres et pleines de spores, ou des mottes de terre contenant les fragments de *mycelium*; il faut encore, pour que la propagation offre quelques chances de succès, tenir compte de quelques délicates difficultés relatives à l'influence du sol et des arbres voisins. L'influence du sol me paraît suffisamment reconnue; passons donc à l'influence des arbres voisins, et voyons ce qu'il y a de vrai dans cette théorie dite des chênes truffiers. »

M. Fabre stigmatise ensuite cette théorie que nous avons développée; il arrive à sa conclusion, le véritable couronnement de l'édifice! Ce qu'il reproche à M. Rousseau, c'est de s'être borné à planter des chênes sans avoir répandu à leurs pieds des morceaux de truffes. M. Rousseau, ajoute-t-il, « n'oublie donc qu'un point, un modeste point: celui de jeter le grain dans ses sillons. Je dirai donc: Voulez-vous avoir des truffes? Semez, plantez des essences favorables à leur végétation, et, sans compter sur le secours des éléments pour l'arrivée des germes, déposez vous-même aux pieds des plantations des fragments de truffes mûres, des mottes de terre renfermant les débris de leur *mycelium*. Si vous ne prenez pas ce soin, quatre-vingt-dix fois sur cent, vous ne réussirez pas, ou vous n'aurez qu'un succès douteux. »

Ainsi, vous l'entendez, Monsieur Rousseau, bien qu'une

expérience de vingt-six ans vous ait démontré l'excellence de votre système, il faut y renoncer sans retard ; M. Fabre le veut, M. Fabre l'ordonne au nom de la science officielle. En créant votre truffière, dont tout le monde constate les succès, vous n'avez eu là « qu'une idée paradoxale qui répugne aux notions les plus élémentaires de la physiologie, et qui doit être reléguée avec celles des mouches truffigènes dont elle fait le digne pendant. »

Et savez-vous pourquoi M. Rousseau doit absolument semer de la truffe s'il veut en récolter, bien que l'expérience lui démontre le contraire? C'est, dit un autre oracle de la science, M. Decaisne, professeur de botanique au Jardin-des-Plantes, « qu'il faudrait que la terre fût littéralement farcie de spores ou qu'on admit la génération spontanée, pour supposer que des truffes puissent se développer partout où se présentent simplement les circonstances favorables. » Que penser de cette terre farcie de spores, comme une dinde est farcie de truffes! Et pourtant, voilà ce que dit M. Decaisne, une des lumières de l'Académie des sciences !

Un jeune chimiste, M. Bressy (de Pernes), va plus loin encore que M. Decaisne. « Il admet l'existence d'une véritable couche truffière, s'étendant à toutes les régions qui offrent des aptitudes climatériques favorables au développement de la truffe. » Ainsi, d'après ce jeune chimiste, cette couche s'étendrait à tous les départements qui produisent le mystérieux tubercule.

Nous ne savons sur quels motifs plausibles peut s'étayer cette opinion singulière. Sans doute, il n'y faut voir qu'une hypothèse bien difficile à justifier. Au reste, M. Bressy partage sous plusieurs rapports les doctrines de l'Académie des sciences en ce qui concerne les truffières artificielles. Non seulement il croit à la fécondité des tubercules déposés dans le sol, mais encore à la valeur reproductrice d'une poudre qu'il compose avec du sable fin calciné et de la poussière formée par la décomposition de la truffe. Voyons comment il s'exprime au sujet de ce nouveau genre de reproduction, qui renchérit encore sur celui proposé par la science officielle :

« Je prends, dit-il, des truffes du plus beau grain, de la plus parfaite maturité et de la meilleure provenance possible ; je mets ces truffes dans du sable que j'ai soumis au préalable à une température rouge sombre, pour détruire tous les spores provenant de truffes de mauvaise qualité, et qui, sans être aussi abondantes que la truffe comestible, fourniraient encore assez de semences pour détériorer nos récoltes. Je soumets ce sable, que j'humecte légèrement et au milieu duquel j'insère des truffes, à une douce température de 16 à 20° ; la fermentation de la truffe achevée et passée à l'état de poussière, je fais un mélange intime du tout, et je le livre à l'insolation. Lorsque je juge que le degré de dessiccation est parfait, je place mon mélange dans des sacs de toile ou de papier, ou bien dans des bocaux bien secs, et je conserve

pour l'usage; 100 grammes de truffes me donneront
10 kil. de compost. »

Voilà donc la semence que propose M. Bressy. Il est
vrai qu'il nous engage à ne pas trop nous y fier, et surtout à ne point l'expérimenter sur une grande échelle.
Il passe ensuite à la manière de s'en servir, et cette partie n'est pas la moins originale de sa découverte. « Au
moment, écrit-il, de la première culture des truffières
(fin mars ou commencement d'avril), on prend une pin-
cée du mélange, et, pour en faire une distribution plus
égale, on ajoute un demi-kilogramme de terre, on brasse
le tout; on sème au pied de l'arbre, et sur toute la circonférence au moins du chapeau, on cultive légèrement;
on passe le râteau, et tout est dit. Si ce n'est pas
dans une année, ce sera dans deux ou trois peut-être,
ou même plus, que les fruits apparaîtront. »

Il est surprenant que l'on puisse émettre de pareilles
théories et qu'on ose les lire à une société d'horticulture.
La semence se trouve ici réduite à des proportions ho-
mœopathiques. C'est bien plus fort encore que les sporules que la science officielle persiste à préconiser. La
poudre de M. Bressy mélangée à de la terre ressemble
aux globules dilués dans un litre d'eau. Très-certainement, elle doit produire les mêmes résultats que les globules produisent sur les malades assez crédules pour les
prendre.

Il y a cependant du bon dans le mémoire que nous venons d'analyser. M. Bressy nous apprend qu'il a fait des

plantations sur cinq espèces différentes de terrains, afin
de constater l'influence que chacun d'eux peut exercer
sur les chênes et sur la production de la truffe. Nous reviendrons plus loin sur ce sujet intéressant.

Si les théories de M. Bressy sur les semences de la
truffe appartiennent à l'homœopathie, celles de M. l'abbé
Charvat sur les truffières artificielles sont tout à fait mys-
tiques. Nous les citons ici, pour montrer jusqu'à quel point
peut aller l'esprit de système lorsqu'il est en travail d'en-
fantement.

M. Charvat considère le germe de la truffe comme
une exsudation du chêne. Cette exsudation serait elle-
même une espèce d'essence que personne ne connaît,
mais que les pluies emportent dans le sol pour y former le germe de la truffe. Ceci posé, rien ne serait
plus facile que d'établir des truffières artificielles. Voici
en quels termes M. l'abbé annonce lui-même un essai
de cette nature qu'il voulait réaliser : « Je me propose, disait-il, de faire emplir deux caisses bien jointes
de terre vierge; dans l'une, je n'y mettrai que de la terre;
dans l'autre, j'y mettrai de la terre et du marc de raisin
par couches alternes; je les placerai au mois de juillet
sous mes chênes truffiers, et je les élèverai à 4 ou 5
pouces du sol. S'il ne pleut pas en temps opportun, je
ferai pleuvoir artificiellement; je les ferai ensuite fouiller
au temps de la récolte, et si j'y trouve des truffes, j'en
ferai présent à mes contradicteurs. »

Cette citation remonte à 1863. Depuis lors, M. l'abbé

Charvat a-t-il fait les essais qu'il annonçait? Il est probable que oui; mais comme il n'en a plus parlé, il est à présumer qu'ils n'ont point réussi. S'ils avaient réussi, M. Charvat n'aurait pas manqué d'en faire part à ses contradicteurs. Les amateurs de truffes ne peuvent donc pas compter sur cette découverte pour accroître la production et faire baisser les prix. De pareilles théories peuvent bien séduire les habitants de Réauville; mais jamais elles ne franchiront la limite du village où elles se sont produites.

Que reste-t-il donc de tous ces mystères que nous venons de passer en revue? Rien absolument que des idées fausses et inexplicables. Si nous voulons trouver quelque chose de plus rationnel, il faut sortir de la science officielle et nous adresser aux véritables praticiens. Ils nous apprendront comment, à peu de frais, on peut s'enrichir en faisant des truffières artificielles. Là, du moins, nous ne rencontrerons que des idées simples, naturelles, et d'une réalisation facile. C'est ce que nous allons démontrer.

CHAPITRE III

Les truffières artificielles selon les praticiens de Vaucluse.

A l'époque où les chemins de fer n'existaient point encore, la truffe se vendait déjà un prix suffisamment rémunérateur. Aujourd'hui, ces prix sont quatre ou cinq fois plus élevés, et les producteurs ne peuvent suffire à la demande. Ce qui prouve la bonté de cette industrie, ce sont les différents essais de reproduction artificielle qui, à partir du commencement du siècle, furent faits par les savants et par les praticiens. Des essais des savants, qu'en est-il resté? Rien, si ce n'est le souvenir de leur défaite. Il n'en est pas de même des essais tentés par les praticiens. Ces hommes modestes, guidés surtout par l'observation attentive de la nature, après de longs tâtonnements, sont parvenus à cultiver la truffe comme on cultive la pomme de terre. Il est vrai qu'ils ont agi contrairement à toutes les règles de la science officielle; mais qu'importe! En s'enrichissant, ils ont doté nos provinces méridionales d'un moyen certain de mettre en rapport les plus mauvaises terres et leur ont offert un procédé économique de reboiser tous ces pays complètement arides. Pour eux, ce sera un grand honneur d'avoir fait une telle découverte, et pour la France méridionale un grand bienfait dont elle s'empressera de profiter.

Qu'est-ce donc que la reproduction artificielle d'un tubercule comme la truffe ? C'est l'art de le multiplier à volonté. Cet art consiste à étudier la nature, à suivre ses enseignements et à lui venir en aide dans ses moyens d'action. Nous savions déjà reproduire l'agaric dont on fait une si grande consommation à Paris. Nous n'y sommes parvenus qu'en établissant des couches dans les lieux obscurs et en semant les *mycélium* de ce cryptogame. Ce résultat n'a pu être acquis que par une imitation complète de la nature. La même conduite était à tenir relativement à la reproduction artificielle de la truffe. Il fallait d'abord étudier les conditions dans lesquelles ce tubercule se multiplie. Cette étude faite, il fallait que les procédés artificiels ne fussent que l'imitation des procédés que la nature emploie. Il n'était pas nécessaire pour réussir, l'expérience l'a suffisamment prouvé, de connaître exactement si la truffe est un champignon, ou bien une noix de galle souterraine. Nous croyons, en effet, avoir surabondamment établi que tous les échecs éprouvés par la science officielle avaient pour cause une erreur de classification. Donc, tandis que l'Académie s'épuisait en vains efforts à la recherche de ce difficile problème, des gens illettrés le résolvaient de la manière la plus satisfaisante. Ainsi, à quoi sert la science lorsqu'elle n'est composée que d'idées fausses, de vieilles doctrines rebattues dans tous les auteurs grecs et latins, et qui depuis des siècles n'a pu rien ajouter à l'histoire naturelle d'un produit aussi recherché que la truffe? Dans ces conditions, elle ne sert évidemment qu'à retarder le progrès. Depuis que les chemins de fer ouvrent de si vastes débouchés aux précieux tubercules, où en serions-nous si les propriétaires de truffières naturelles n'avaient pas trouvé le moyen de les propager indéfiniment?

D'après les praticiens, qu'il faut toujours consulter en matière d'agriculture, qu'est-ce donc qu'une truffière artificielle? C'est une plantation de chênes, de hêtres ou de charmes, disposés d'après un certain ordre, dans laquelle on donne des façons suivant diverses règles que l'expérience a fait connaître. Aux pieds de ces arbres ainsi traités, on récolte beaucoup plus de truffes, d'un poids plus fort et d'une qualité supérieure à celles que l'on extrait des bois abandonnés à eux-mêmes. Maintenant qu'on la connaît et qu'on l'applique, rien n'est plus simple que cette idée. Mais pour la découvrir et l'amener au point où elle se trouve aujourd'hui, il a fallu plus d'un demi-siècle.

Ce qu'il y a de singulier, c'est que cette idée ait pris naissance à la fois sur plusieurs points du territoire et qu'elle ait grandi isolément, jusqu'à ce qu'enfin la publicité soit venue tout à coup lui apporter des clartés nouvelles. C'est seulement à partir de 1856 que les travaux isolés sont apparus comme une éloquente révélation aux

hommes de théorie. M. Rousseau et ses truffières de
Puits-du-Plant sont la cause de l'agitation féconde qui
s'est faite autour de ce problème, et des colères qu'il a
suscitées au sein de l'Académie des sciences. Nous allons
résumer rapidement les travaux de trufficulture qui, depuis un demi-siècle, se sont accomplis dans le département de Vaucluse.

Il paraît que la priorité de cette découverte appartient
à ce département et que les premiers essais de ce genre
furent faits dans l'arrondissement d'Apt. M. Tulasne ne
paraît point partager cet avis. Il pense que les premières
truffières créées de main d'homme appartiennent aux
environs de Loudun. Rien ne justifie cette prétention.
Sans parler d'un essai qui remonte au milieu du
XVIII⁰ siècle, mais qu'on ne peut raisonnablement
prendre comme point de départ, nous avons des plantations authentiques faites en 1810 et en 1812. M. Bedel, inspecteur des forêts, le constate dans un rapport
officiel. Un mémoire lu au congrès scientifique de Poitiers, en 1834, par M. Delastre, nous apprend, il est vrai,
que les Loudunois, depuis longtemps, plantent du chêne
pour avoir de la truffe; mais ce mémoire ne fixe pas de
date précise. Une lettre que nous a écrite, au mois de
février 1868, M. le docteur Gilles de la Tourrette, président du comice agricole de Loudun, fait remonter ces
plantations à un demi-siècle. M. de la Tourrette cite
même le nom des familles qui les premières se sont consacrées à cette industrie. Mais ayant écrit à une de ces

familles, son silence nous fait présumer que la priorité doit appartenir au comtat Venaissin.

Le président du comice d'Apt, feu M. Bonnet, dont nous avons déjà fait connaître les doctrines au sujet de la mouche truffigène et de la truffe noix de galle, s'est beaucoup occupé des plantations de chênes faites dans son arrondissement, en vue d'en obtenir ce tubercule. Voici ce qu'il raconte dans le mémoire lu à la séance du 14 février 1858, relatif à son système de trufficulture :

« Vers le milieu du XVIII⁰ siècle, M. de Monclar, procureur général au parlement d'Aix, fit dessiner un parc dans sa terre de Bourgane et y sema diverses essences, entre autres des glands de chêne qu'il avait reçus de l'île de Malte.

« Quelques années plus tard, ces semis donnaient des truffes en abondance; M. de Monclar en récoltait pour le service de sa table et pouvait en faire de nombreux cadeaux.

« Peu de temps avant 1789, la terre de Bourgane fut vendue à un M. Pin. Celui-ci, au moment de la révolution, rencontra un membre de la famille de Monclar, qui lui demanda si le parc de Bourgane donnait toujours de la truffe. M. Pin lui répondit qu'on n'y en rencontrait plus depuis que les arbres formaient des massifs serrés. »

M. Bonnet n'attache aucune importance à cet essai, parce qu'évidemment il n'avait point été fait dans le dessein d'obtenir de la truffe. Mais il considère les semis de glands exécutés en 1810 et en 1812 par Talon père, cultivateur à Saint-Saturnin-les-Apt, comme le premier exemple sérieux de truffières artificielles créées dans l'ancien comtat Venaissin. Les semis furent d'abord pratiqués sur deux hectares, puis deux ans après sur une pareille étendue. Ces chênes ont aujourd'hui soixante-deux ans, et ils continuent à donner de bonnes récoltes. Ce fait est connu de tous les habitants de Vaucluse.

Talon était d'abord très-pauvre. A force de travail et d'économie, il acheta une petite ferme de très-mauvaise terre, voisine de ses premières plantations. Il en sema de glands huit hectares, et sept années plus tard sa truie commença à y découvrir des truffes. Mettant à profit son expérience de rabassier (car d'abord il exerça cette profession), il apporta tous ses soins à la bonne tenue de ses bois de chêne. Ayant remarqué que tous ses arbres n'étaient point également féconds, il supposa que certains d'entre eux avaient plus d'aptitude à produire la truffe que d'autres, et que quelques-uns même étaient complètement stériles. Il en conclut que cette aptitude pouvait bien se transmettre par la semence. C'est pourquoi, aux personnes qui le questionnaient sur le choix des glands qu'elles devaient semer, il conseillait de n'employer que ceux provenant des chênes truffiers.

M. Bonnet nous apprend que Talon soigna ses bois en *homme de métier*, mais il n'entre dans aucun détail à ce sujet. Il aurait dû nous dire si Talon labourait ses truffières, s'il en élaguait les arbres trop branchus et s'il les éclaircissait lorsqu'ils couvraient par trop le sol de leur ombrage. Ces renseignements nous offriraient un vif intérêt, car ils seraient comme le point de départ des méthodes nouvelles que M. Rousseau a su mettre en évidence et qui tendent aujourd'hui à se vulgariser.

Talon mourut il y a quelques années, laissant une petite fortune qui fut partagée entre ses deux fils. Cette fortune avait pour origine la culture de la truffe. Ces deux fils ont marché sur les traces de leur auteur, et aujourd'hui ils occupent une position honorable dans la commune de Saint-Saturnin. Au concours régional d'Avignon, tenu en 1866, ils ont mérité une médaille d'or pour leur bois de chênes truffiers.

Talon père avait d'abord tenu secrète sa découverte. Ce ne fut que plus tard qu'il la fit connaître et qu'il consentit à donner des conseils aux personnes qui voulaient, à son exemple, faire des plantations. Depuis lors, ce genre d'industrie s'est considérablement multiplié. M. Bedel cite, dans la commune de Bédouin, les bois de M. Vendrau, qui datent de trente-neuf ans, et un reboisement de soixante-sept hectares, opéré par vingt-six propriétaires de la même commune, il y a environ trente-quatre ans.

Les semis au-dessous de cet âge ne peuvent se dénombrer. On en trouve sur presque tous les points des arrondissements de Carpentras et d'Apt. Mais, à cette époque, on ne marchait encore qu'à tâtons. Malgré les résultats obtenus, on en était toujours aux essais. Les truffières de M. Rousseau, qui ont exercé sur le pays une si grande influence, n'ont d'abord été faites que sur deux hectares de terre presque sans valeur. Il fallait que les premiers produits de ces semis fussent présentés à l'Exposition universelle de 1855, pour que la question, restée jusqu'alors locale, s'élevât à la hauteur d'une question générale de premier ordre.

L'Exposition universelle de Paris fournit à la presse l'occasion de parler des truffières de M. Rousseau. Celui-ci remporta une médaille de première classe, non pas pour ses truffes récoltées au bas de ses chênes de semis, mais pour ses conserves. Toutefois, l'impulsion était donnée. Le 3 février 1856, M. de Gasparin visita les plantations de Puits-du-Plant ; il y fit exécuter des fouilles ; il rédigea un rapport favorable qui fut inséré dans le *Journal d'Agriculture pratique* et dans le *Moniteur universel*. C'est à la suite de ce rapport que le 6 novembre de la même année, M. Durand Saint-Amand, préfet de Vaucluse, adressa une circulaire aux autorités locales pour leur recommander les semis de chênes truffiers. A partir de ce moment, ces sortes de plantations se sont multipliées avec une rare énergie de la part des habitants, et le revenu foncier des plus mauvaises terres s'est accru dans des proportions considérables. Voici les termes de cette remarquable circulaire, que nous ne saurions trop recommander à tous les préfets des centres truffiers. Après avoir signalé aux sous-préfets et aux maires la culture des arbres à fruits et des primeurs comme un moyen d'enrichir le département de Vaucluse, M. Durand Saint-Amand aborde ainsi la question qui nous occupe :

« Il est un autre objet que je crois devoir vous signaler d'une manière spéciale : je veux parler de la production des truffes.

« D'après des expériences qui ont été faites, et qui ont mérité à M. Rousseau, de Carpentras, une médaille à l'Exposition universelle de Paris, on arriverait, en peu d'années, à obtenir des truffes dans des terrains boisés en chênes verts ou en chênes blancs, au moyen de semis de glands cueillis sur des chênes autour desquels cette substance végétale croît le plus communément, et qu'à raison de cette circonstance on appelle vulgairement *chênes truffiers.*

« Cette découverte pourrait devenir une source de produits pour beaucoup de communes du département qui possèdent des montagnes déboisées ou des terres vaines et vagues.

« J'ai souvent engagé ces communes à s'occuper du reboisement des vides de leurs montagnes, et je me plais à reconnaître que, sous l'impulsion de MM. les agents forestiers, des semis ont été commencés, depuis quelques années, sur divers points.

« J'insiste de nouveau sur l'utilité et l'avantage du reboisement, qui fera d'ailleurs, ultérieurement, dans Vaucluse, l'objet de dispositions réglementaires et obligatoires, combinées avec l'exercice du pâturage. Mais, dès à présent, j'invite MM. les maires des localités qui possèdent des terres vaines et vagues à déterminer, de l'avis du conseil municipal, et avec l'assistance de l'agent local quand ces terres seront dans le rayon du régime forestier, une petite contenance, au quartier le plus propice, pour y semer des glands de *chênes verts truffiers*. Aussitôt après avoir choisi et fait préparer un emplacement, les maires se procureront les glands, ce qui sera généralement facile, et ils les feront semer par le garde champêtre et le garde forestier. La dépense qu'occasionnera ce premier essai sera très-peu considérable. Une somme de 25 à 30 fr. pourra suffire pour l'achat des glands et pour le salaire des ouvriers auxiliaires qu'on aurait besoin d'adjoindre aux gardes. J'en autorise l'imputation sur le crédit des dépenses imprévues du budget de 1856 ou du budget de 1857; et si ce crédit était insuffisant, je ne doute pas que le conseil municipal ne s'empressât de voter des fonds spéciaux. La plupart du temps, la cueillette des glands et l'ensemencement pourront même se faire sans frais, par les soins des gardes.

« Toutes les années, et indépendamment des autres semis que comporteraient les lieux, on continuerait la même opération, au moyen d'un petit crédit qui serait régulièrement inscrit au budget pour le reboisement.

« En prévenant ensuite l'introduction des troupeaux dans les semis, on parviendrait, avec le temps, à faire produire du bois et des truffes à des terrains qui sont presque aujourd'hui sans valeur.

« Je recevrai avec beaucoup d'intérêt les rapports de MM. les maires des localités auxquelles peut s'appliquer la mesure dont je viens de parler, relativement à l'essai qu'ils auront fait en 1856, et aux précautions qu'ils auront prises pour en assurer le succès. »

Cette circulaire a porté ses fruits. A la fin de 1865, il y avait déjà dans le département de Vaucluse 3,367 hectares reboisés en essences de chênes, rien que dans l'arrondissement de Carpentras. Durant les années 1865 et 1866, on avait semé plus de 750 hectares sur des biens communaux. Toutes les municipalités qui disposent de terres vaines et vagues propres à la production de la truffe s'empressent de suivre les prescriptions de la circulaire que nous venons de rapporter. D'ici à vingt-cinq ans, il ne restera dans le comtat Venaissin que très-peu de terres improductives.

Parmi les communes qui comprennent le mieux la question truffière et qui regardent les plantations de chênes comme un moyen d'opérer le reboisement à peu de frais, nous devons citer celle de Bédouin, assise au bas du mont Ventoux. Cette montagne, qui fait face au plein midi, lui appartient pour la plus grande part ; elle est complètement dénudée, à l'exception de quelques chênes épars qui donnent d'excellentes truffes. Le Ventoux est par une altitude de près de 2,000 mètres. Il est composé de roches calcaires très-dures qui se délitent avec le temps et qui ont fini par former une sorte de couche végétale. Le sol de cette chaîne, qui part des environs d'Orange et se prolonge jusque par delà la fontaine de Vaucluse, est complètement perméable. Il absorbe rapidement la pluie ; c'est ce qui explique pourquoi les torrents sont à peu près inconnus sur les revers du Ventoux. On prétend que les infiltrations des eaux du ciel donnent naissance à la fontaine de Vaucluse.

C'est à partir de 1858 que la commune de Bédouin a commencé le reboisement des portions de montagne dont elle est propriétaire. L'initiative de cette entreprise appartient à M. Eymard, maire, secondé par un conseil municipal intelligent. Pendant les trois premières années qui ont précédé la loi sur le reboisement, les semis se sont étendus sur 30 hectares dont la dépense a été couverte par la caisse communale. A partir de 1861, les subventions de l'État et du département ont permis de donner plus d'activité aux travaux. En 1863, le reboisement s'étendait déjà sur 454 hectares. Depuis lors, on a dû ensemencer au moins 600 hectares, ce qui, à la fin de l'année 1867, donne un total de 1,054 hectares. Arrivés à ce point, il reste encore à la commune plus de 2,000 hectares dénudés.

Cette étendue n'a point été complètement semée de chênes truffiers ; les agents forestiers qui dirigent les travaux ont voulu que 150 hectares fussent couverts d'essences résineuses. Heureusement, ces semis ont échoué, et, lors de notre visite au mont Ventoux, on se proposait de revenir aux essences de chênes dont on n'aurait jamais dû se départir.

M. Eymard a pris une mesure qui mérite d'être signalée. Comme les ressources affectées au reboisement sont minimes, et qu'il attache une grande importance à ce que cette opération se termine au plus vite, il a établi des journées de prestation, semblables à celles que la loi de 1836 autorise pour les chemins vicinaux.

Chaque habitant est tenu de deux journées de travail et d'une journée pour ses attelages. Cette mesure a d'abord soulevé quelque opposition; mais on a bientôt compris que c'était là une question d'intérêt communal qu'aucune autre ne pouvait primer. Les semis sont principalement exécutés à la charrue. Les lignes ont un espacement de 3 mètres. On trace d'abord un sillon, puis un autre; c'est dans ce dernier que sont déposés les glands. On ouvre un troisième sillon, pour les recouvrir. Plus tard, ces semis devront être élagués, et les lignes éclaircies. Il faudra disposer les chênes de manière à ce qu'ils ne projettent pas leur ombre les uns sur les autres. Les quinconces dans le sens de la pente résoudront ce problème, très-important au point de vue de la production de la truffe.

Arrivés à quatre ans, les semis sont recépés; les éclaircies auront lieu au fur et à mesure que les arbres deviendront trop serrés. Dans les quartiers où le sol est profond et meuble, les truffes paraissent à la quatrième année. La production est plus précoce dans le haut que dans le bas de la montagne. Il y a entre les deux points extrêmes une différence de trois à quatre ans. A une altitude de 900 à 1,000 mètres, la truffe disparaît. Le chêne blanc s'élève jusqu'à 1,600 mètres, et le chêne vert jusqu'à 800 mètres.

A mesure qu'on quitte la plaine pour s'élever sur les hauteurs, la qualité de la truffe diminue; c'est là l'influence du climat, dont il faut avant tout tenir compte.

Dans l'intérêt des communes qui s'imposent de lourds sacrifices pour le reboisement, on ne devrait employer que des essences de chêne. Les bois résineux ne produisent pas de truffes; par conséquent, il faudra des siècles avant que le revenu ait couvert la dépense. Au contraire, après dix années, le chêne donne une récolte de truffes qui rembourse bientôt les frais de semis et d'entretien, de telle sorte que les bois dont on disposera plus tard seront un bénéfice net.

En 1863, les truffières de Bédouin étaient affermées à une association de *rabassiers* qui employaient dix truies. Ces truffières, comme nous venons de le dire, ne consistaient alors qu'en chênes épars, presque tous rabougris. D'ici quinze ou vingt années, lorsque les semis en cours d'exécution auront acquis un développement ordinaire, les truffières de Bédouin s'affermeront plus de 20,000 fr.

Les autres communes ne sont pas restées en arrière dans le mouvement qui porte les populations du comtat Venaissin au reboisement. On cite la commune de Ville à qui ses truffières rendent 6,000 fr. Pour conclure, nous donnons, d'après M. Bédel, l'état comparatif des revenus que les communes de Vaucluse retirent de leurs bois de chênes truffiers. Cette statistique n'est point complète; mais elle fait bien comprendre la progression que suit cette partie des ressources communales. En 1846, elle ne s'élevait encore qu'à 1,613 fr. pour l'ensemble des communes du département. En 1856, elle atteignait 10,660 fr. pour dix-huit communes, et en 1866, 20,800 fr. pour vingt-six communes. On voit que la progression, surtout depuis 1856, époque de la circulaire du préfet, a été très-rapide. Ainsi se trouveront vérifiées les paroles de M. Bédel au sujet de l'influence que la truffe doit exercer sur le reboisement : « Ce tubercule, dit-il, et les riches produits qu'il rapporte feront peut-être plus pour la restauration des montagnes de Vaucluse que les réglements d'administration publique, que la loi de 1860 elle-même. »

Pour compléter cet exposé, il nous reste à faire connaître les essais de plantations qui ont eu lieu dans les autres centres producteurs, en vue de récolter de la truffe. Nous aborderons ensuite et nous traiterons avec quelques détails des truffières artificielles de M. Rousseau.

CHAPITRE IV

Les truffières artificielles selon les praticiens de la Vienne, de la Dordogne et autres.

Lorsqu'une découverte est dans les nécessités d'une époque, elle ne manque jamais de se produire. Mais ce qu'il y a de plus curieux, dans ce phénomène de l'esprit humain, c'est que la même découverte peut surgir à la fois sur les points les plus extrêmes, sans que les inventeurs aient communiqué les uns avec les autres. C'est précisément ce qui arrive pour les truffières artificielles. Après les essais infructueux des savants, qui durant des siècles ont poursuivi la solution de ce problème qui semblait insoluble, on pouvait présumer que le but ne serait jamais atteint. Heureusement, les choses se sont passées de toute autre manière. Pendant que les disciples de Buffon échouaient dans leurs tentatives, les praticiens de Vaucluse et de la Vienne mettaient la main à l'œuvre, et sans bruit, sans fracas, donnaient le plus éclatant démenti aux doctrines de l'Académie des sciences.

Nous avons déjà résumé l'histoire des truffières artificielles de Vaucluse, que nous supposons avoir précédé toutes les autres. Jusqu'à plus ample informé, telle sera notre opinion. C'est aux différents centres producteurs à nous éclairer si nous sommes dans l'erreur. Nous n'avons rien négligé pour former notre conviction à cet égard. Si nous ne sommes point un historien fidèle, du moins on ne pourra pas nous accuser d'être partial. Les lacunes que ce volume peut renfermer doivent être imputées aux comices agricoles, à qui nous avons plusieurs fois demandé des renseignements et qui n'ont pas jugé convenable de nous répondre. L'enquête que nous avons ouverte au mois de janvier 1868 n'a pas produit tout ce que nous en espérions. C'est chose à reprendre. Nous comptons bien alors vaincre l'indifférence des comices dans une question qui intéresse au plus haut point le reboisement de la France méridionale, et la mise en rapport des terres aujourd'hui sans valeur.

Nous avons déjà mentionné un mémoire de M. Delastre, lu en 1834 au congrès scientifique de Poitiers, relatif aux plantations de chênes faites dans l'arrondissement de Loudun, en vue d'en obtenir de la truffe. M. Delastre ne fixe pas l'époque précise à laquelle ces plantations commencèrent. Mais M. le docteur Gilles de la Tourrette, président du comice de Loudun, nous a informé que ces travaux remontaient à cinquante ans. Il en résulterait qu'ils seraient à peu près contemporains de ceux exécutés par Talon dans les environs d'Apt. M. de la Tourrette cite comme étant entrés les premiers dans cette voie MM. Foucault, au Grand-Poncé; Duchêne, à Rochetau et à la Brise; Bérangé, ancien député, à Mants. Ces propriétaires, nous assure M. de la Tourrette, auraient poussé assez loin la

culture de la truffe. M. Foucault seul possède plus de
trente hectares de bois de chênes créés par lui. Aussi ses
revenus sont-ils considérables. Les personnes que nous
venons de nommer retirent très-souvent de 8,000 à
10,000 fr. de leurs truffières.

Ces exemples ont donné de l'émulation aux propriétaires. Depuis quelques années, les plantations de chênes
se sont fort étendues, et d'ici à quelque temps, il ne restera pas dans l'arrondisssement de Loudun un hectare
de mauvaise terre qui ne donne de bons revenus.

Assurément, cette révolution est fort curieuse et deviendra la source d'une grande prospérité. Cela étant, on
a quelque droit de s'étonner que le comice présidé par
M. de la Tourrette ne se soit point encore occupé de la
question et ne l'ait point portée à la connaissance des praticiens et du monde savant. C'est là un reproche que
nous pourrions adresser à plus d'une société d'agriculture des centres de production.

M. de la Tourrette nous apprend que les semis sont
espacés de 3 mètres entre les ligues et que l'on commence
à cultiver les truffières; mais il n'entre dans aucun détail à ce sujet. Il ne dit pas non plus si on fait des élagages et des éclaircies, et si ces opérations essentielles
sont soumises à des règles dictées par l'expérience. La
Vienne paraît donc s'être beaucoup occupée des questions
pratiques; mais, que nous sachions, elle n'est jamais entrée dans le domaine de la théorie. Personne n'y a jamais
écrit sur la production de la truffe. Cette négligence est

véritablement fâcheuse. Nous espérons que le questionnaire soumis par nous au comice de Loudun sera discuté
sérieusement, et que ces discussions auront quelque utilité
pour l'histoire naturelle.

Bien que la Dordogne, formée de l'ancien Périgord,
soit la terre classique de la truffe, ce pays s'est laissé devancer par Vaucluse et par la Vienne. Trois arrondissements produisent ce tubercule en abondance : ce sont ceux
de Sarlat, de Ribeirac et de Périgueux. Les truffes des
environs de Sarlat doivent passer en première ligne. Eh
bien! comment se fait-il que cet arrondissement, dont la
réputation est fort ancienne, se trouve aussi arriéré qu'au
moyen âge? Dans les environs de Périgueux, où la truffe
est moins estimée, il existe déjà depuis plus de vingt-six
ans des truffières artificielles qui sont soumises à la culture.
On en a également établi quelques-unes dans l'arrondis-
sément de Ribeirac. Mais aucune des méthodes nouvelles
n'a pu encore pénétrer dans le Sarladais. Les plantations
de chênes, en vue d'en obtenir de la truffe, non seulement y sont inconnues, mais encore soulèvent la plus
grande incrédulité. On ne croit pas qu'il soit utile de labourer les bois de chêne, ni de les élaguer, ni de les
éclaircir.

Cependant, s'il est un pays qui dût accepter l'industrie
nouvelle, c'est assurément celui-là, car la majeure partie
de son territoire ne se compose que de mauvaises terres,
impropres à toute autre culture qu'à celle de la truffe.
Avec des semis bien entendus et une exploitation régu-

lière, ce sol déshérité pourrait certainement donner au moins 500 fr. de revenu net par hectare. Malheureusement, la population, que l'on dit très-avancée, nous paraît peu accessible aux réformes agricoles qui pourraient améliorer sa position. C'est du moins là l'impression qui nous est restée à la suite d'une conférence que nous avons faite à Sarlat au mois de février 1868. Quoi qu'il en soit, résumons en quelques mots l'histoire des plantations de chênes opérées dans la Dordogne, avec l'intention d'en retirer le précieux tubercule.

Le premier essai paraît remonter à 1835 ; il fut fait par M. Martignac, dans son domaine du Saulx. Il comprenait deux hectares de semis exécutés sur de vieilles vignes. Lorsque les chênes eurent de huit à dix ans, on commença à récolter de la truffe. Les fouilles s'élevèrent parfois jusqu'à 200 kilos. Mais à mesure que les bois se sont formés en massifs serrés, la production s'est considérablement réduite.

Cinq ans après, en 1840, M. le marquis de Mallet fit à Sorges des plantations également sur de vieilles vignes qui donnèrent beaucoup de dix à vingt ans. Mais comme ces plantations furent exécutées un peu au hasard, on les tint beaucoup trop serrées, de telle sorte que, passé vingt ans, la production devint insignifiante.

Pour remédier à cet inconvénient, M. de Mallet exécuta de nouvelles plantations. En 1868, il en possédait plus de soixante hectares, dont une partie donnait de la truffe, tandis que l'autre partie n'en donnait point. Nous avons

visité ses truffières; elles sont beaucoup trop ombreuses,
Nous avons conseillé les éclaircies en arrachant les
souches. Il est certain que la production reviendra aussitôt que les bois recevront suffisamment de soleil et de
lumière; mais il faudra labourer et tenir le sol très-propre.

Un des premiers imitateurs de M. de Mallet est
M. Buisson (de Salix). Dès 1842, ce praticien a planté
un hectare de chênes dans une vieille vigne. Ces chênes,
il les exploite en baliveaux et laboure les entre-lignes.
M. Buisson nous a déclaré que depuis 1852 l'hectare dont
il s'agit ne lui avait donné jamais moins de 800 fr.
de revenu. Il est vrai de dire que c'est lui-même qui
fait les fouilles, tandis que la généralité des propriétaires
louent leurs truffières à vil prix.

Citons encore deux exemples de truffières artificielles
exécutées dans la Dordogne. En 1846, MM. Manière (de
Jacquillon, près Ribeirac) plantèrent des chênes et des
charmes, et les résultats ne se firent point attendre. A
Verteillac, M. Amadieu, depuis 1856, a fait plusieurs plantations, et il n'a qu'à s'en féliciter. Tous ces essais partiels
ont entraîné beaucoup de travaux de ce genre. On peut
dire que depuis quinze à vingt années, dans les environs
de Sorges, toutes les vieilles vignes se transforment successivement en bois de chênes; c'est là un procédé de
culture qui donne à toutes ces mauvaises terres une plus-
value considérable. On calcule qu'une vigne épuisée
trouve difficilement acheteur à 300 fr. l'hectare, tandis
qu'une fois plantée avec des chênes de trois à quatre ans, elle

vaut 1,500 fr. C'est en effet ce prix que se vendent les bois couverts d'arbres et de bruyères. Ces bruyères servent à fabriquer des engrais.

La culture des truffières tend également à se généraliser dans les environs de Sorges. On m'a rapporté que les métayers de M. Dupuy, hommes très-diligents, piochaient leurs bois de chêne bien avant M. le marquis de Mallet, d'où il faudrait conclure que l'honneur de cette amélioration réelle appartient à ces métayers. Après les chiffres que nous venons de citer, nous n'avons pas besoin d'insister plus longtemps sur les avantages de la trufficulture moderne. Bien que les plantations n'occupent point encore de vastes étendues, il est certain qu'elles ne peuvent que se développer chaque jour. Les propriétaires y ont un très-grand intérêt. D'ailleurs, les chemins de fer ouvrent chaque année de nouveaux débouchés à la truffe ; avec ces débouchés, la production peut s'accroître indéfiniment ; l'offre ne sera jamais au-dessus de la demande. C'est une erreur de croire que ce tubercule pourra jamais entrer dans l'alimentation journalière. Loin de baisser, les prix s'élèveront encore à mesure que le bien-être augmentera. D'ailleurs, les départements qui produisent la bonne truffe sont en petit nombre. Il n'est donc point à redouter qu'ils se fassent entre eux une concurrence préjudiciable.

Le Lot ne nous semble point encore aussi avancé que la Dordogne. Cependant, s'il faut nous en rapporter aux renseignements qui nous sont fournis par M. le docteur

La Brunie, maire de Cazillac, depuis trente-cinq ans il exis-
terait dans le Lot des truffières artificielles. M. La Brunie ne
nous cite aucun nom ni aucune commune où cette inno-
vation aurait été faite. Nous savons seulement que le
maire de Cazillac a lui-même exécuté quelques plantations
qui remontent à vingt-cinq années. Des renseignements
de même nature nous sont envoyés par M. le sous-préfet
de Figeac qui nous dit avoir consulté des personnes compé-
tentes. On peut donc considérer la date de trente-cinq ans
comme exacte. Seulement, comme les détails nous manquent, nous pouvons en conclure que les plantations de
chênes truffiers n'occupent encore dans le Lot que de
faibles étendues. Ce département nous paraît être assez
en retard. On ne nous cite qu'un seul homme qui se
soit occupé de la question : c'est le docteur La Brunie.
Il possède, nous assure-t-on, sur le sujet qui nous occupe,
des notes volumineuses n'attendant plus qu'à être mises
en ordre pour être publiées. Il faut espérer que l'œuvre
du savant docteur ne se fera point trop attendre, et qu'elle
jettera une vive lumière sur des problèmes qui divisent
encore aujourd'hui les meilleurs esprits. On nous signale
également du Lot M. l'abbé Paramelle, le célèbre hydroscope dont nous avons déjà rapporté l'opinion sur l'origine de la truffe. Malgré son grand âge, M. l'abbé Paramelle nous a promis de faire des études, et nous ne
doutons point qu'elles ne viennent confirmer la théorie
nouvelle.

Le département de la Drôme, qui limite Vaucluse, est

beaucoup moins avancé que son voisin. Nous ne sachions pas que ce département se soit laissé entraîner dans la voie si brillamment ouverte par les trufficulteurs du comtat Venaissin. Cependant, si nous devions nous en rapporter à une lettre que M. Fayn cadet, négociant en truffes, nous écrivait de Grignan, en 1860, on aurait également fait quelques plantations dans les environs de cette ville. Ces plantations remonteraient à quarante-deux ans. Des propriétaires qui possédaient des terres sans valeur eurent l'idée de les ensemencer de glands et d'en former des bois. Au bout de dix à douze ans, on trouva dans ces bois de la truffe. Cette heureuse découverte appela l'attention des propriétaires, et quelques-uns se mirent à faire des semis. L'auteur de cette lettre déclare que lui-même a suivi l'exemple qui lui était donné, et qu'il possède maintenant des bois de chênes truffiers ayant atteint leur treizième année.

L'homme qui a le plus fait pour propager la culture de la truffe dans le département de la Drôme est M. l'abbé Charvat, curé de Réoville. Il a exécuté lui-même des semis et des plantations sur des sols et à des expositions différentes. Il laboure ses truffières et leur donne tous les soins qu'elles réclament. Il a publié plusieurs écrits sur la question et prétend, comme nous l'avons déjà exposé, que le germe de la truffe provient du chêne.

Dans les environs de Crest, M. Perrier aurait également semé des glands et formé des bois. Nous lui avons écrit pour connaître ses travaux. Mais, soit indifférence, soit toute autre cause, il ne nous a pas répondu.

La société d'agriculture de la Drôme a également reçu notre questionnaire; une lettre de son honorable président, M. Dupré de Loir, nous informe qu'il a ouvert une enquête sur la question et que bientôt il nous en fera connaître les résultats.

Les Basses-Alpes possèdent aussi des truffières artificielles. Mais nous ne savons point de quelle époque datent les premiers essais. M. Martin Ravel, dans une brochure qu'il a publiée en 1856, parle d'une plantation de ce genre. Elle aurait été faite en 1836 par Jean Second, propriétaire à Montagnac, lieu où réside M. Ravel. Mais il paraît que cet essai eut peu d'imitateurs, et que c'est seulement dans ces dernières années qu'on s'est mis à planter des chênes pour en obtenir de la truffe. C'est surtout à M. Ravel que l'on doit le mouvement qui s'est produit. Dans une lettre qu'il nous écrivait en février 1868, voici en quels termes il s'exprimait sur ce grave sujet : « On commence à comprendre, disait-il, les avantages que peut donner cette culture. Les bénéfices que j'en retire frappent tous les yeux. Aussi, à l'automne dernier, on a semé plus de 400 hectares seulement sur la commune de Montagnac. Les communes environnantes imitent notre exemple. Plus tard, je vous enverrai une note détaillée de tous ces travaux. Si l'année prochaine il y a une récolte de glands pareille à celle de cette année, toutes nos terres légères vont être reboisées en chênes truffiers. Dans le Var, l'élan est aussi donné. »

M. Ravel, nous devons le reconnaître, a rendu un très-grand service à ses concitoyens, en leur montrant les revenus que peuvent donner les truffières artificielles. Mais il a été moins heureux que M. Rousseau, sur les plantations duquel le comice de Carpentras a déjà fait quatre rapports très-intéressants, très-circonstanciés. M. Ravel avait, en 1867, prié la Société d'agriculture de Digne de nommer une commission pour visiter ses truffières. Le jour indiqué, le rapporteur seul s'est trouvé au rendez-vous. Aussi le rapport de sa visite est-il très-circonspect et ne fait que très-médiocrement ressortir les avantages que les semis de chênes peuvent offrir au double point de vue de la reproduction de la truffe et du reboisement. La cause de cette tiédeur, c'est probablement l'usage que M. Ravel a voulu faire de sa découverte, en s'en assurant la propriété exclusive par un brevet d'invention. Sans doute, M. Ravel a des torts ; mais cela ne justifie pas la Société d'agriculture de Digne de sa réserve et de son mutisme.

La lettre dont nous venons de rapporter un extrait nous parle des plantations qui s'exécutent dans le département du Var. Nous sommes peu renseigné sur ces travaux. La Société d'agriculture de Draguignan n'a pas cru encore devoir répondre à notre questionnaire ; mais nous avons à citer un fait qui remonte déjà assez loin derrière nous. En 1824, M. Turnel, percepteur à Saint-Maximin, sema des glands de chênes blancs sur une lande de quatre hectares. Ce semis fut acheté en 1827 par le duc de Blacas. Pendant les douze premières années, ce bois fut abandonné aux maraudeurs. Plus tard, on en afferma les truffes pour une assez faible somme. En 1844, le fermier payait 300 fr. et retirait de 1,000 à 1,200 fr. de récolte. Depuis lors, les chênes ayant grandi, faute d'é-claircies et d'élagages, ont cessé de produire de la truffe, si ce n'est sur la lisière. Ce fait est consigné dans les documents que M. Ravel a annexés à l'une de ses brochures. Nous n'avons pas d'autres renseignements sur le département du Var, bien que la truffe y soit abon-dante et de bonne qualité. Nous croyons être en droit de nous étonner que la Société d'agriculture de Draguignan n'ait point fait de cette question l'objet de ses études.

Reste à nous occuper de la Côte-d'Or. A la suite du retentissement qui fut donné à la théorie de la mouche truffigène, la Société d'agriculture de Dijon crut devoir mettre à l'ordre du jour cette question, qui soulevait des tempêtes. Le 8 mars 1858, le docteur Fleurot lisait à la Société un rapport dans lequel on parle d'un essai de truffières artificielles fait par M. de Girval, à Boussenois. A la suite de cette plantation, dont on ne nous dit point la date, M. de Girval aurait récolté de la truffe aux pieds de ses arbres. M. le docteur Fleurot déclare qu'en exé-cutant cette plantation, le propriétaire n'avait nullement l'intention de créer une truffière. Dès lors, on ne voit pas pourquoi, à propos du système de M. Rousseau, le rap-

4

porteur aurait parlé d'un fait sans conséquence. Ceci revient à dire que les truffières artificielles sont à peu près inconnues dans la Côte-d'Or. Cela se conçoit, car les produits de la Bourgogne sont loin de valoir ceux du Périgord. Il n'y aurait donc qu'un médiocre intérêt, dans cette province, à suivre les méthodes si largement pratiquées dans le comtat Venaissin.

Tel est l'historique d'une question qui intéresse à un si haut degré les populations méridionales. Ce qui nous frappe dans le résumé que nous venons de présenter, ce sont les essais partiels qui, presque en même temps, ont été faits sur divers points du territoire. Ces essais ont donné lieu à des pratiques isolées, à peine connues dans le rayon où elles ont pris naissance. La réunion de toutes ces pratiques et leur mise en ordre constituent un ensemble de règles et de préceptes qui forment le code de la trufficulture; c'est cet ensemble que nous allons présenter, en ayant soin de rapporter à chacun des centres producteurs les méthodes qui lui appartiennent. Mais avant d'aborder cette étude, il faut nous occuper des truffières de M. Rousseau, qui à elles seules résument à peu près toutes les innovations faites sur l'ensemble de la zone méridionale.

CHAPITRE V

Les truffières artificielles de M. Rousseau.

.

Depuis l'Exposition universelle de 1855, il s'est fait beaucoup de bruit autour d'une question qui offre un véritable intérêt pour le Midi, au double point de vue du reboisement et de l'utilisation des terres incultes. Nous voulons parler des truffières artificielles de M. Auguste Rousseau, de Carpentras. Cet honorable négociant avait envoyé à Paris des échantillons de truffes qu'il disait avoir recueillis aux pieds de chênes plantés en vue d'en obtenir le précieux tubercule. Ce fait frappa vivement les membres du jury. Néanmoins, s'ils récompensèrent ces échantillons, ce ne fut pas comme *truffes artificielles*, mais comme conserves de premier choix.

Le problème de savoir si l'on pouvait à volonté reproduire la truffe se trouvait de la sorte remis à l'ordre du jour. Mais il se présentait à la presse et au monde savant avec des caractères qu'il n'avait jamais revêtus. M. Rousseau, sans en apporter des preuves authentiques, disait : « Voici les produits que j'ai récoltés au bas de chênes truffiers; ils sont parfaitement mon œuvre et n'ont rien de commun avec ceux que l'on récolte dans des bois abandonnés à la nature. Si vous voulez bien vous donner la peine de venir à Puits-du-Plant, vous verrez que la question des truffières artificielles, si souvent agitée, et point encore résolue, est définitivement entrée dans le domaine de la pratique. »

Cette assertion, on le conçoit, inspira les sentiments les plus divers. La presse, toujours facile à se laisser séduire par les nouveautés, s'occupa longuement des truffières artificielles et des avantages qu'elles pouvaient offrir. Les savants, dont l'esprit est moins accessible aux idées nouvelles, et qui aiment à vérifier avant de croire, soulevèrent des doutes. Ils ne pouvaient comprendre qu'après les essais infructueux de Buffon et de tant d'autres, il fût encore possible de faire des truffières artificielles. Ainsi, dès le début, la presse et l'Académie des sciences se divisèrent en deux camps : l'un favorable à la découverte de M. Rousseau, l'autre qui la repoussait comme contraire à l'histoire naturelle.

Mais laissons s'agiter le monde savant avec ses doutes, la presse avec ses affirmations ; arrivons aux faits, qui peuvent seuls nous fournir une démonstration éclatante de la découverte que nous préconisons.

Cette découverte appartient-elle à M. Rousseau ? Nous avons déjà fait voir que depuis plus d'un demi-siècle, dans la Vienne et dans Vaucluse, on plantait des chênes pour avoir de la truffe. M. Rousseau, dont les premiers semis ont à peine vingt-cinq ans, ne vient donc pas réclamer la priorité ; mais ce qu'il revendique avec juste raison, c'est d'avoir remis à l'ordre du jour la question des truffières artificielles, complètement abandonnée depuis la Restauration, et surtout d'avoir formulé des règles propres à la nouvelle culture. Sous ce double rapport, il aura rendu de très-grands services à la propriété méridionale.

Nous avons dit que M. Rousseau était un simple négociant en truffes. Son commerce exigeait chaque année de nombreux voyages dans les centres producteurs. C'est ainsi qu'il se mit en rapport avec Jean Talon, de Saint-Saturnin-les-Apt, que l'on considère comme ayant fait, en 1810, dans Vaucluse, les premières plantations de chênes truffiers. M. Rousseau aimait à causer avec le père Talon. Celui-ci, vers la fin de son existence, ne faisait plus un mystère des moyens qu'il avait employés pour multiplier la truffe et se créer une modeste fortune. Talon aurait donc initié M. Rousseau à tous les détails de sa pratique. C'est là un fait que certifie feu M. Bonnet, président du comice d'Apt ; il assure que c'est à Saint-Saturnin que les glands semés à Puits-du-Plant auraient été cueillis.

En homme intelligent, M. Rousseau trouva bientôt le moyen d'appliquer les connaissances qu'il avait acquises dans ses entretiens avec le père Talon. Il possédait à deux kilomètres de Carpentras un immeuble situé dans un bas-fond, et qui recevait les eaux d'égouttement des propriétés voisines. C'est sans doute à cette circonstance que cet immeuble doit de s'appeler *Puits-du-Plant*.

Cette terre est humide et de très-mauvaise nature. On ne pouvait y cultiver que le seigle; le rendement était de

4.

4 à 5 hectolitres par hectare pour la part du propriétaire ; l'autre moitié appartenait au métayer, Le produit en argent était environ de 90 fr., la paille comprise. A cause de sa proximité de la ville, M. Rousseau évaluait Puits-du-Plant à 2,000 fr. l'hectare.

Au reste, l'examen géologique répond aux appréciations agricoles : le sol, analysé en 1856 par M. de Gasparin, est de la plus détestable espèce. Sur 100 parties, il se compose de 56,3 d'éléments pierreux, savoir de cailloux roulés, de silice et de calcaire, liés entre eux par un ciment naturel, et de 43,7 d'éléments terreux. Dans cette dernière partie, il existe 57,1 de silice, 38,9 d'argile et 4 de calcaire; la couche terreuse a une épaisseur de 25 à 30 centimètres. Le sous-sol n'est qu'un poudingue profond, perméable, doué d'une grande puissance de capillarité. C'est cette aptitude qui paralyse en partie les effets de la sécheresse si fréquente dans le Midi, et rend ses truffières productives lorsque la récolte manque partout ailleurs.

Avant de mettre la main à l'œuvre, M. Rousseau s'assura que son terrain avait de l'analogie avec celui de ses voisins qui donnait de la truffe. Cette constatation était de la dernière importance, afin de ne point faire fausse route. Mais ce dont il ne tint pas assez compte, c'est de la position de son immeuble, situé au fond d'une cuvette et recevant toutes les eaux du voisinage. Certes, cette situation offrait de nombreux inconvénients et l'exposait, entre autres, à être trop humide. Or, il est depuis longtemps acquis à la pratique que le chêne n'aime pas l'humidité et que la truffe elle-même préfère la sécheresse. M. Rousseau ignorait ces deux circonstances, que depuis il a appris à ses dépens ; c'est ce qui plus tard le força à ouvrir des canaux d'assainissement sur une longueur de plus de 1,000 mètres, et de pratiquer un drainage irrégulier pour rendre ses truffières à leurs conditions naturelles.

D'abord il s'agissait de savoir si, avec les glands choisis chez le père Talon, il ferait une pépinière, sauf à repiquer ensuite les plants, ou bien s'il sèmerait sur place. M. Rousseau préféra ce dernier système, mais il avait une autre question à examiner. Devait-il espacer ses glands de manière à former des arbres, ou bien les semer drus pour en faire une haie ? Il se décida pour la haie. Les premières lignes furent semées à 4 mètres de distance, et les allées dirigées du nord au midi, afin qu'elles fussent plus accessibles au soleil. Comme Puits-du-Plant était alors à l'état de culture, il ne fit subir au sol aucun défoncement ; il se contenta des labours que l'on donne d'habitude pour les céréales. Il traça d'abord un premier sillon, puis un second, dans lequel il mit les glands ; enfin il les recouvrit au moyen d'un troisième sillon.

Ces lignes, comme nous venons de le dire, furent d'abord espacées à 4 mètres. Les semis furent exécutés à l'arrière-saison. On pourrait aussi les renvoyer au mois de mars ; mais le jeune chêne, n'ayant alors que très-peu de temps à pousser avant les chaleurs, risquerait fort d'être brûlé. Les semis ont plus de chance de succès lorsqu'on les fait au mois de novembre.

Les allées ne furent point d'abord plantées de vignes, comme M. Rousseau l'a fait plus tard, Les premiers semis commencés en 1847 laissaient vides les entre-lignes. Ils s'étendaient sur deux hectares. En 1850, de nouveaux semis furent exécutés sur deux hectares et demi; avant d'y procéder, M. Rousseau fit un défoncement, afin de détruire les mauvaises herbes qui infestaient le sol. Ses allées furent espacées de 5 à 6 mètres. Il continua ainsi ses travaux jusqu'en 1862, époque à laquelle Puits-du-Plant comptait 7 hectares 80 ares de chênes truffiers.

C'est seulement à partir de 1857 que M. Rousseau intercala quatre rangées de vigne dans ses allées. Ce système est bien préférable à l'autre. Il permet d'atténuer les dépenses de premier établissement. Dans Vaucluse, la vigne, à quatre ans, donne une pleine récolte. Tant que les chênes sont jeunes et leurs racines peu développées, les ceps ne leur causent aucun préjudice. Vers la qninzième année, il faut vider les interlignes ; mais alors la truffière fournit d'abondants produits.

Les soins à donner aux jeunes semis consistent en une façon à la fourche qui se fait au mois d'avril, deux façons à la houe au mois de juin, et un labour général dans les allées quand elles ne sont point plantées de vignes. Ces façons suffisent pour les débarrasser des herbes parasites et tenir le sol parfaitement meuble.

Les autres soins consistent dans les élagages et les éclaircies. Au fur et à mesure que les chênes se développent, il faut, par des élagages successifs, en élever la tige, et par des éclaircies leur donner de l'air et de l'espace. Ce sont des travaux qui exigent les précautions les plus minutieuses. Nous aurons plus tard à y revenir. Nous dirons alors l'influence que ces deux opérations peuvent exercer sur la production de la truffe.

C'est seulement en 1862 que M. Rousseau abandonne les semis en haie et leur substitue des repiquements de jeunes chênes âgés de quatre ans. Ces chênes sont recépés rez-terre et plantés à 1^m 50 de distance. Les allées qui les séparent ont 8 mètres de largeur. Dans chaque allée se trouvent trois rangs de vigne espacés à 2 mètres, afin qu'on puisse les façonner à la charrue. On le voit, il a fallu à M. Rousseau quinze années d'expérieuce avant d'abandonner les semis et faire un essai de plantation; c'est alors qu'il songea à utiliser au moyen de la vigne le terrain qui restait vide.

Ici se présente une question : Quel est celui des deux systèmes de boisement qu'il faut préférer, les semis en haie ou les plantatations à 1^m 50? Les plantations offrent l'avantage de hâter le moment de la production. De jeunes arbres qui reçoivent deux ou trois cultures par année, et qui sont débarrassés des herbes parasites, donnent souvent de la truffe à trois et quatre ans. Mais dans ce système, la surface productive est d'abord plus réduite qu'avec les semis en haie et les allées de 4 mètres. Il est certain que, durant les dix premières années, les semis en haie donneront beaucoup plus de truffes; mais arrivés à cet âge, la prépondérance appartiendra aux plantations, parce qu'alors les racines des chênes occuperont une grande partie des terrains restés vides, et fourniront ainsi beaucoup plus de tubercules. Au reste, avant de prendre un parti, les praticiens devront peser avec soin toutes les raisons pour ou contre les deux systèmes, et ne se décider qu'en tenant compte de toutes les circonstances qui pourraient leur être favorables.

Lors de notre dernier voyage à Carpentras, nous avons demandé à M. Rousseau s'il pourrait nous établir le prix de revient d'un hectare de truffières à Puits-du-Plant, d'après les deux systèmes que nous venons d'examiner. C'est ce qu'il s'est empressé de faire. En voici le résumé :

COMPTE *d'un hectare de chênes truffiers semés en haies à 3 mètres de distance, sans y intercaler la vigne* :

Impôt...	3 fr.
Loyer de la terre évaluée 2,000 fr. l'hectare (4 %).	80
Glands et ensemencement......................	25
Une façon à la fourche, en avril	26
Deux façons à la houe, en juin	13
Total...............	148 fr.

Pour les années suivantes, il faut compter le loyer, l'impôt et les trois façons, soit 122 fr. La truffière ne commence à donner quelques produits que vers la fin de la quatrième année. Il faut donc ajouter à la première somme de 148 fr. quatre fois 122 ou 488 fr. Nous arrivons ainsi à un total de 640 fr. de dépenses par hectare à la fin de la quatrième année.

A partir de ce moment, les tubercules paient les frais de culture et amortissent une partie du capital. Cet amortissement doit être complet vers la fin de la huitième année. Alors on est en pleins bénéfices, qui augmentent chaque année.

Mais la dépense faite à Puits-du-Plant n'est point une moyenne pour le département de Vaucluse. Toutes les garrigues ne valent point 2,000 fr. l'hectare, comme celles de Puits-du-Plant. On ne peut pas les compter à plus de 500 fr. Au taux moyen de 4 p. 100, c'est un intérêt de 20 fr. Il faut ensuite ajouter l'achat des glands, l'ensemencement avec trois raies de charrue, estimés 50 fr. sur le mont Ventoux. Ici les lignes sont espacées à 3 mètres et ne réclament plus aucune façon, si ce n'est le recépage à quatre ans. Dans ces conditions, l'hectare ne coûte plus alors que 72 fr., en y comprenant l'impôt foncier. Ce prix de revient est peu élevé et permet de faire le reboisement des terres dénudées sur une grande échelle.

Maintenant, parlons du second système adopté en dernier lieu par M. Rousseau. Ici les allées sont espacées à 10 mètres. Les chênes que l'on repique ont de cinq à six ans. Ils sont à 1m 50. Dans les allées, on plante trois rangées de vigne que l'on laisse à 2 mètres de distance, afin de pouvoir les cultiver à la charrue. Ces vignes occupent seize ans la place, puis sont arrachées, parce qu'à cet âge elles pourraient nuire au développement du chêne.

Combien coûte le boisement d'un hectare exécuté d'après ce système, qui nous paraît préférable à l'autre et qui, en réalité, semble plus lucratif?

En voici les détails, tels qu'ils nous ont été remis par M. Rousseau :

Impôts....................................	3 fr.
Loyer de la terre.........................	80
Un défoncement...........................	136
750 chênes................................	8
2,250 ceps de vigne.......................	12
Plantation au piquet......................	50
Une façon à la fourche, en avril..........	26
Deux façons à la houe, en juin	13
Total...............	328 fr.

Pour les années suivantes, il faut compter le loyer, l'impôt et les trois façons, qui sont, comme pour la plantation en semis, de 122 fr. Les sarments paient la taille de la vigne. Comme ici la truffière ne commence à donner quelques produits qu'à la fin de la septième année, il faut donc ajouter à la première somme de 328 fr. sept fois la somme de 122 fr., coût de l'exploitation de chaque année, soit 854 fr. Nous arrivons ainsi à 1,182 fr. de dépense totale pour les sept années.

Voyons maintenant ce que la truffière va rendre, et déduisons-le de la dépense.

A partir de la 4e année, la vigne donne 2,250 kil.
de raisin (ou 1 kil. par cep), à 8 fr. les 100 kil.   180 fr.
La 5e année (1ᵏ 500   —   )................   270
La 6e année (2 kil.   —   )................   360
La 7e année (2ᵏ 500   —   )................   450

                        Total................   1,260 fr.

On le voit, dès la septième année, les récoltes de la vigne ont remboursé les dépenses de premier établissement, et il reste un excédant de 78 fr. par hectare.

Ajoutons qu'outre la récolte de truffes, qui acquiert chaque jour une plus grande importance, nous avons encore à tenir compte de huit récoltes de raisin. Or, au taux moyen de 450 fr., comme nous venons de l'établir plus haut, nous obtenons encore 3,600 fr. qui viennent s'ajouter aux bénéfices de l'opération.

Arrivées à seize ans, les truffières de M. Rousseau donnent un revenu qui, suivant les années, varie de 500 à 1,000 fr.

La culture intercalaire est donc un excellent moyen de réduire les frais de plantation. Il est fâcheux seulement que M. Rousseau ne l'ait adopté qu'à partir de 1857. Toutefois, rappelons que, dans la Dordogne, les plantations de chênes truffiers sont généralement faites sur de vieilles vignes épuisées, et que ce système réduit presque à rien les dépenses premières. Plus tard, nous reviendrons sur cette question, et nous rédigerons un tableau comparatif de ce que coûte la plantation d'un hectare dans Vaucluse et dans la Dordogne.

Le compte que nous venons de présenter ne comprend pas les canaux de dessèchement ni de drainage, qu'il a fallu établir à Puits-du-Plant sur des étendues considérables. Ces canaux, d'une longueur de plus de 1,000 mètres, ont été creusés en partie dans le poudingue et ont coûté 0ᶠ 15 le mètre courant, soit 150 fr.

Maintenant que nous connaissons les dépenses, occupons-nous des produits. Ils sont calculés suivant les premiers systèmes de plantation qui n'admettaient pas la culture intercalaire de la vigne. Nous savons que cette culture date de 1857.

Dès l'origine de son entreprise, M. Rousseau a tenu très-exactement un registre indiquant d'une part ses dépenses, de l'autre les recettes en argent de toutes les récoltes, truffes, bois, et plus tard raisins. Enfin, il a noté sur ce registre toutes les circonstances qui ont paru être favorables ou nuisibles à la production. Nous allons d'abord examiner la partie du registre qui s'occupe des récoltes et de leur rendement en espèces. Dans un autre chapitre, nous étudierons avec soin la partie relative aux accidents météorologiques, dont l'influence peut accroître ou diminuer les produits.

C'est seulement à la quatrième année de la première plantation que M. Rousseau découvrit trois truffes sur les deux hectares.

En 1853-54, cinquième année de la plantation, ces deux hectares donnèrent 4 kilos.

En 1854-55, sixième année, la récolte fut de 15 kilos

Ce sont ces truffes qui figurèrent à l'Exposition universelle de Paris et remportèrent une médaille de première
classe comme conserves alimentaires.

La septième année (1855-56), la récolte tomba à 13 kilos. C'est en 1856, le 5 février, que M. de Gasparin, en
nombreuse compagnie, visita la truffière de Puits-du-Plant.
La même année, M. Durand Saint-Amand, préfet de Vaucluse, prit un arrêté qui autorisait tous les conseils munici-
paux du département à prélever une certaine somme pour
planter des chênes truffiers sur les biens communaux.

La huitième année (1856-57), les deux premiers hectares, plantés en 1847-48, donnèrent 58 kilos de truffes,
et les deux hectares et demi plantés en 1851, 16 kilos.
Le rendement total fut de 54 kilos, vendus au prix moyen
de 15 fr., ce qui fit un produit de 810 fr. Ici le registre
de M. Rousseau mentionne la visite du duc d'Aremberg,
qui eut lieu le 18 novembre 1856. Des fouilles eurent
lieu en présence de ce personnage, qui en parut très-
satisfait.

La neuvième année (1857-58), nous obtenons 93 kilos
90 grammes de truffes vendues environ 17 fr., et qui
donnent un total de 1,581 fr. 25. C'est le 30 avril 1858 que
les plantations reçurent un fort élagage.

L'année suivante, qui est la dixième (1858-1859), nous
ne récoltons plus que 24 kilos de truffes qui, au prix de
17 fr. 50, donnent 420 fr. Cette diminution est due aux
élagages qui furent faits intempestivement l'année précédente. M. Rousseau n'avait point prévu une chose que tout

le monde savait : c'est que l'emondage du chêne réduit nécessairement tout ou partie de la récolte. C'est là une question fort importante, sur laquelle nous reviendrons en étudiant la seconde partie du registre dont nous poursuivons l'examen.

La récolte de la onzième année (1859-60) fut de 96 kilos 70, qui produisirent 2,339 fr. 15. Les truffes se vendirent cette année-là fort cher ; il survint au mois de décembre des gelées qui en gâtèrent une partie.

La douzième récolte (1860-61) fournit 87 kilos 10, qui se vendirent 1,368 fr. Les causes de cette diminution sur l'année précédente furent les pluies excessives qui tombèrent toute l'arrière-saison.

La treizième récolte (1861-1862) donna 301 kilos, qui produisirent 5,664 fr. 35. A ces chiffres il faut ajouter 301 fr. 20 de raisins, qui, pour la première fois, apparaissent dans les comptes de M. Rousseau. Ce résultat merveilleux doit être attribué aux irrigations par infiltration dont M. Rousseau fit cette année un essai, et sur lesquelles nous reviendrons dans le chapitre suivant. Ajoutons que la même année les plantations du troisième âge, celles de 1856-57, comprenant un hectare, donnèrent, durant la campagne, 12 kilos de truffes, et qu'au mois d'avril on pratiqua la seconde éclaircie sur les semis des deux premiers âges. Cette opération rendit 250 fagots ; elle avait été motivée par l'excès de vigueur des touffes. Il est bon de noter que le 19 février 1862, le comice de Carpentras fit une visite à Puits-du-Plant et assista aux fouilles. Procès-verbal de l'extraction fut rédigé séance tenante par le juge de paix, M. d'Antoine, et rapport en fut fait au comice.

La quatorzième année (1862-63) ne produisit que 272 kilos de truffes, qui rapportèrent 3,159 fr., plus 360 fr. de raisins. Cette diminution est attribuée à la saison pluvieuse, ce qui conduisit M. Rousseau à faire du drainage. De nouvelles éclaircies furent pratiquées ; on enleva les chênes qui paraissaient avoir le moins de vigueur.

La quinzième année (1863-64) fut plus féconde ; elle donna 315 kilos 50 de tubercules, qui rendirent 4,688 fr. 10, plus 5,235 kilos de raisin à 7 fr., qui rapportèrent 366 fr. 45. L'augmentation avait la sécheressse pour cause.

La seizième année (1864-65) fut à peu près stationnaire ; les 307 kilos qu'elle rendit se vendirent 4,094 fr. 74. Les raisins donnèrent en poids 9,750 kilos à 5 fr. 50, soit 536 fr. 25 en espèces. La sécheresse, qui avait réduit la récolte dans Vaucluse, fut cause des hauts cours qui se maintinrent durant toute la campagne. Au mois de février 1865, on fit dans les semis du premier âge des abattis qui donnèrent 6,000 kilos de gros bois.

La dix-septième année (1865-66) fut une des plus fécondes. Elle fournit 408 kilos de truffes qui furent vendus 5,439 fr. 50, et 8,780 kilos de raisins, 526 fr. 80. L'augmentation de rendement en nature doit être attribuée à une température pas trop chaude, mais un peu sèche,

qui régna une partie de l'année. Le 25 février, arrachage
d'une partie des vignes, qui avaient alors neuf ans, mais
qui commençaient à nuire aux chênes âgés de dix-
sept ans.

La dix-huitième récolte (1866-67) produisit 306 kilos 20
de tubercules, vendus 3,615 fr. 20 ; par suite de l'arrachage,
la vente du raisin descendit à 388 fr. 05 ; ce qui réduisit la
quantité des truffes fut l'énorme production de glands
qui épuisa les arbres.

La dix-neuvième récolte (1867-68), qui est la dernière, est aussi la plus forte pour le rendement en nature, bien que le produit en argent soit inférieur à celui
de la dix-septième année. Les fouilles ont rendu 531 kil. 60
de tubercules, qui ont rapporté 4,950 fr. 75 en espèces.
La vendange a donné 5,364 kilos à 10 fr., soit 536 fr. 40.
La production est évidemment en progrès ; mais le revenu en argent a faibli, par suite de l'abondance de la
récolte dans le Comtat, la Provence et surtout le Périgord. De là la baisse des prix qui s'est maintenue durant toute la saison. Cette abondance, d'après M. Rousseau, aurait pour cause la modicité de la récolte précédente, qui aurait laissé un temps de repos aux chênes
truffiers.

Telles sont, en ce qui concerne les productions, les
notes fort intéressantes que nous fournit le registre de
M. Rousseau. Nous allons en présenter l'ensemble dans
un tableau, afin que d'un coup d'œil on puisse mieux juger des résultats obtenus :

Produits de la truffière de Puits-du-Plant.

ANNÉES.	PRODUIT en truffe.		PRODUIT en argent.		PRODUIT de la vigne.		OBSERVATIONS.
Les sept 1res	32k	10	481f50		....		À la 7e année, 13 kil. de truffes ; récolte amoindrie par la sécheresse.
8e, 1856-57	54	»	810	»	....		
9e, 1857-58	95	90	1,581	25	....		Élagages. — Plantation de la vigne.
10e, 1858-59	24	»	420	»	....		Récolte réduite par les élagages et par la submersion de la truffière.
11e, 1859-60	69	70	2,339	15	....		Gelée à 7 degrés, en décembre.
12e, 1860-61	87	90	1,368	»	....		Pluies persistantes en automne. — 1re éclaircie.
13e, 1861-62	301	»	5,664	35	301f20		Belle récolte, à cause de la sécheresse — Deux irrigations par infiltration. — 2e élagage.
14e, 1862-63	272	»	3,159	»	360	»	L'humidité et l'élagage réduisent la récolte. — Ouverture de fossés de vidange, drainage, éclaircies, élagages.
15e, 1863-64	313	50	4,688	10	366	45	Augmentation par suite de la sécheresse.
16e, 1864-65	307	»	4,904	75	536	25	Sécheresse. — Arrachage de chênes.
17e, 1865-66	408	»	5,439	20	526	80	Augmentation de produit. — Température modérée. — Été et automne secs. — 1er arrachage de la vigne.
18e, 1866-67	306	20	3,615	20	388	05	Diminution de produits par suite de la grande récolte de glands.
19e, 1867-68	531	60	4,950	75	536	40	Récolte très abondante. — Température modérée. — Forte gelée en janvier 1868.
	2,802k	90	39,421f25		3,015f15		

L'étude de ce tableau est pour nous un grand enseignement. On y voit d'un seul coup d'œil la marche
ascendante de la récolte, ainsi que les circonstances qui
lui ont été favorables ou nuisibles. Nous allons nous
occuper de la *production*, et nous renvoyons au chapitre
suivant ce qui concerne les *circonstances*.

C'est seulement à partir de la treizième année que la
récolte prend tout à coup de l'importance. Elle n'était
encore que de 87 kilos en 1860-61 ; en 1861-62, elle
s'élève à 301 kilos, et depuis lors, elle n'est jamais des-
cendue au-dessous de 272 kilos. C'est en 1867-68
qu'elle atteint le plus haut terme. Les fouilles ont fourni
cette année 531 kilos.

Nous venons de dire que la treizième année a produit
301 kilos de truffes qui furent vendues 5,664 fr. Mais il
est bon d'observer qu'il n'y avait alors à proprement parler
que 2 hectares 1/2 du premier âge, remontant à l'origine ; 2 hectares 50 du second âge parvenus à onze ans.
Un autre hectare n'avait que cinq ans ; 1 hectare
53 ares, trois ans, et 80 ares venaient d'être semés. On peut
donc soutenir que sur 4 hectares 1/2 on avait alors récolté pour 5,664 fr. de truffes. Ainsi M. Rousseau a eu
raison de dire et de répéter à satiété qu'un hectare de
ses truffières en plein rapport lui rendait au moins 1,000 fr.
Ce revenu a été plus fort en 1861-62, et cependant le
loyer d'un hectare et les frais d'exploitation ne coûtaient
alors et ne coûtent encore aujourd'hui que 122 fr., ainsi
que nous l'avons établi plus haut.

La quatorzième année est plus faible en produits naturels que la précédente ; les élagages et l'humidité les réduisirent à 272 kilos. Mais l'année suivante la sécheresse les fit remonter à 313 kilos, chiffre qui depuis reste à peu près le minimum, tandis que la dix-neuvième année, jusqu'à ce moment la plus féconde, les porte à 531 kilos.

Cette augmentation, qui ne peut que croître encore, doit être attribuée à l'âge des semis, qui comptent aujourd'hui douze ans, neuf ans et six ans. Lorsque les plus jeunes seront parvenus à leur treizième année, il est probable que le produit en nature s'élèvera à 900 ou 1,000 kilos. Or, en ne portant le prix qu'à 15 fr., moyenne assez faible, le revenu de 7 hectares 80 ares devrait alors rapporter de 12,000 à 15,000 fr. On voit que M. Rousseau peut largement calculer à 1,000 fr. le produit d'un hectare en plein rapport. On nous a cité dans la Dordogne des truffières qui auraient rendu jusqu'à 1,200 fr. l'hectare.

Voilà pour l'avenir ; occupons-nous du passé et du présent. Prenons le tableau récapitulatif dans son ensemble, et divisons-le en trois périodes, la première de un à dix ans, la deuxième de onze à quinze ans, la troisième de seize à dix-neuf ans.

La première période ne comprend encore que 7 hectares, dont 2 hectares 50 viennent d'être semés ; nous en supposons 8. Durant les dix années, ces 8 hectares ont produit 206 kilos de truffes qui ont rendu 3,292 fr. 75. Le revenu moyen annuel est de 41 fr. 16 par hectare ;

c'est trois fois moins que ne coûtent les frais généraux d'exploitation, évalués à 127 fr.

La deuxième période de onze à quinze ans comprend 7 hectares 80 de truffières que nous portons à 8 hectares pour un compte rond ; ces 8 hectares ont fourni pendant les cinq années 1,044 kilos de tubercules qui ont été vendus 17,218 fr. 60, ce qui fait une moyenne de 430 fr. par hectare. Ce revenu commence à être satisfaisant.

Enfin la troisième période de seize à dix-neuf ans a donné 1,552 kilos de truffes qui ont rendu 18,909 fr. 90, soit une moyenne annuelle de 590 fr. par hectare. Ce produit ne laisse pas que d'être considérable pour une terre qui, avant les semis de chêne, donnait à peine 90 fr.

Les moyennes que nous venons de poser ne sont relatives qu'à la truffe ; elles ne comprennent point les produits de la vigne, ni les glands, ni le gros bois vendu pour charronnage. Ces recettes, nulles durant la dernière période, ont une certaine importance pendant les deux autres. Pour la vigne, à partir de la treizième année, jusques et y compris la dix-neuvième, le total des recettes s'élève à 3,015 fr. 15. Il est de 996 fr. 25 pour les glands, et de 180 fr. pour le gros bois, ce qui donne un ensemble de 3,191 fr. 25. Mais dans ces calculs ne se trouvent point encore compris les sarments de la vigne, les fagots d'élagage et le menu bois des éclaircies. Ce produit fait plus que compenser les frais de main-d'œuvre; nous ne portons la différence que pour mémoire.

Restent les 122 fr. de frais par hectare qui sont à la charge du revenu. Cette dépense n'est certainement point compensée par les recettes éventuelles dont nous venons de parler, mais elle s'en trouve beaucoup atténuée.

Que conclure de ces détails ? C'est que, partout où le climat le permettra, il faudra créer des truffières qui devront être très-lucratives. Cette proposition n'a pas besoin de plus amples développements. M. Rousseau mérite donc les plus grands éloges, non pas comme inventeur, mais comme propagateur de cette industrie. Il en est véritablement le père. Son esprit pénétrant, ses ingénieux travaux, ses observations persévérantes nous autorisent à lui donner ce titre.

CHAPITRE VI

Résultats pratiques obtenus par M. Rousseau.

Les observations faites par M. Rousseau et les résultats qu'il a obtenus forment un ensemble de règles qu'il s'agit maintenant de dégager, afin qu'elles puissent servir de guide aux praticiens. Sans suivre pas à pas les notes consignées dans le registre auquel nous avons déjà fait de nombreux emprunts au sujet de la production, nous allons grouper dans un ordre méthodique toutes les circonstances qui peuvent accroître ou diminuer la récolte des truffières, et par conséquent rendre cette industrie bonne ou mauvaise.

Parmi ces circonstances, les unes sont du domaine de l'économie rurale; les autres appartiennent à la météorologie ou à l'histoire naturelle. On peut en énumérer jusqu'à sept qui ont appelé l'attention de M. Rousseau. Ce sont, dans la première catégorie : la culture intercalaire de la vigne, les engrais spéciaux, les élagages, les éclaircies et les recépages ; et dans la seconde : la pluie, la sécheresse, la gelée et l'abondance des glands. Nous allons les examiner les unes après les autres, en ayant soin de conserver l'ordre chronologique dans lequel elles se sont produites.

La création des cultures permanentes, telles que vignes,

arbres fruitiers, plantations de bois, indépendamment du capital qu'elles exigent, demande beaucoup de temps avant de donner des résultats. Lorsque par des expédients on peut devancer cette époque, on rentre plus vite dans ses avances, et on dégrève l'opération de tous les frais accessoires qui réduisent les bénéfices nets. Ainsi, lorsqu'on plante des arbres à fruit, tant qu'ils sont jeunes et ne produisent encore rien, on utilise le terrain par des cultures intercalaires dont les récoltes paient l'intérêt des sommes engagées, le loyer de la terre et les façons qu'elles réclament.

Les mêmes expédients doivent être employés lorsqu'il s'agit d'établir des truffières. Pendant que les semis ou les jeunes plants se développent, il faut trouver le moyen d'utiliser toutes les parties du sol qui sont inoccupées. De cette manière, on déchargera plus vite l'entreprise de tout ou portion des frais qui lui incombent.

Lorsque M. Rousseau résolut de transformer sa propriété de Puits-du-Plant, il ne songea point d'abord à intercaler des cépages dans les allées qui séparaient les lignes de chênes; il se contenta de les labourer chaque année, afin de les débarrasser des mauvaises herbes. C'est seulement vers 1857 qu'il eut l'idée d'y cultiver de la vigne. Ses allées n'avaient alors que de 4 à 6 mètres de largeur; il laissa vide, de chaque côté des lignes, un espace suffisant et planta les ceps à 1 mètre de distance. Les façons devaient ainsi être données à la main, ce qui en augmentait le prix. Depuis, il porta ses allées à 8 et

10 mètres de largeur. Les trois rangs de ceps dont il les garnit sont éloignés de 2 mètres; les façons peuvent donc se faire à la charrue. C'est une économie de main-d'œuvre qui n'est point à dédaigner en présence de la rareté des bras et de l'élévation constante des salaires.

Les chênes avaient huit ans lorsque les premières vignes furent plantées. Quatre ans après, elles donnaient pleine récolte. Mais comme les allées étaient comparativement étroites et que les arbres se développaient rapidement, c'est en 1866 ou après neuf ans d'existence qu'il fallut les arracher. Leurs racines occupaient trop de place et nuisaient à la production truffière. Les chênes avait atteint leur dix-septième année.

Supposons que la vigne soit plantée au début de l'opération. A cinq ans, lorsque les chênes seront encore improductifs, la récolte de raisins fournira déjà de quoi payer l'intérêt du capital engagé, le loyer de la terre et les frais d'exploitation. Avant dix ans, le capital engagé se trouvera amorti; mais à dix ans la truffière elle-même donnera quelques revenus. A quinze ans, elle sera en plein rapport; c'est vers cette époque qu'il faudra songer à l'arrachage de la vigne. Ses racines occuperont trop de place au détriment des chênes, qui auront besoin d'étendre et de tracer au loin leurs radicelles. Le moment sera donc arrivé de leur abandonner complètement le terrain; mais en supprimant la vigne, il ne faudra jamais oublier que ses produits auront singulièrement contribué à la réussite de l'entreprise. Voilà ce que les praticiens ne doivent point perdre de vue. Toutes les fois donc qu'ils établiront des truffières et que le sol s'y prêtera, ils devront intercaler de la vigne dans les allées de chênes.

Mais il ne suffit point de créer des entreprises agricoles; il faut encore avoir les moyens de les rendre productives. Dans ce but, M. Rousseau a pendant plusieurs années été à la recherche de cette pierre philosophale. Il s'agissait de trouver un engrais qui devait donner à ses truffières une grande fécondité. Bien qu'il ne fût pas de l'Académie des sciences, M. Rousseau pensa tout d'abord que les résidus de truffes déposés aux pieds des chênes devaient résoudre ce problème; mais après plusieurs essais successifs, il fut convaincu que ces débris rendaient stériles les arbres les plus féconds. Ce fait est constaté dans le rapport de M. le marquis des Isnards, lu à la Société d'agriculture d'Avignon, sur les truffières de Puits-du-Plant. Pendant la visite de la commission, l'honorable rapporteur demande au propriétaire s'il emploie comme engrais les raclures de ses conserves de truffes. Ce dernier répond : « Je l'ai fait plusieurs fois; mais j'ai dû y renoncer, parce que tous les chênes qui ont reçu ces raclures, de bons truffiers qu'ils étaient, ont cessé absolument de produire. J'attribue ce résultat à l'énergie de cet engrais. Sa puissance est telle que, semé sur le plus mauvais terain, celui-ci ne tarde point à se couvrir de graminées de la meilleure espèce. Or, vous savez que la truffe disparait des lieux couverts de végétation. » Tels sont à peu près les termes du rapport. M. des Isnards ajoute que

M. Rousseau a mis 25 kilos de raclures à sa disposition, pour être distribuées aux personnes qui désireraient faire des essais. Mais ces essais opérés sur des chênes n'ont pas été plus heureux.

Les réponses consignées dans le rapport de M. des Isnards prouvent que le propriétaire de Puits-du-Plant ne se faisait pas une idée bien nette de l'influence que les engrais exercent sur la truffe. Ce tubercule ne peut sympathiser avec aucune espèce de fumier. Il lui faut un sol aride, brûlé, dépourvu de toute plante parasite. Si vous répandez sur le sol des matières en décomposition, des débris de végétaux, et même des broussailles mortes, aussitôt les tubercules, bien qu'ils fussent très-nombreux jusque-là, disparaissent complètement. Ainsi, en se mettant à la recherche d'un engrais spécial favorable à la production, M. Rousseau tombait dans une grave erreur. A cette noix de galle souterraine, si riche en azote, il ne faut point de matières azotées, point de stercoraires pour la faire naître et pour la développer. C'est là ce qui rend si précieuse pour le Midi une culture qui se suffit à elle-même, et qui ne demande rien aux étables déjà trop pauvres de matières fertilisantes.

La haie, nous l'avons déjà dit, fut la première forme que M. Rousseau donna à ses semis. Sous l'influence des labours répétés, ces semis, parvenus à neuf ans, formaient des haies impénétrables qu'il s'agissait d'élaguer. M. Rousseau commença cette opération, sans songer aux conséquences qu'elle entraînait. Dans tous les pays truffiers,

on sait que les élagages portent un préjudice considérable aux récoltes qui vont suivre. L'explication de ce
phénomène est facile pour les personnes qui considèrent
la truffe comme une noix de galle, impossible pour ceux
qui croient au champignon. Les élagages font périr une
partie des radicelles sur lesquelles se forment les tubercules. M. Rousseau, homme de négoce, ignorait ce que
les chercheurs de truffes savaient à merveille. Voilà pourquoi, sur son registre, il consigne avec une sorte d'étonnement la diminution que les élagages de 1857 firent
éprouver à la récolte qui les suivit. Dès cet instant, il re-
connut que son opération était tardive; il se proposait,
à l'avenir, de prendre les jeunes chênes dès leur troisième
année, d'élever insensiblement leurs tiges, de retrancher
à chaque saison quelques branches, afin de n'avoir point,
le moment venu, à faire un trop fort abattage. C'était là
une idée féconde et que la pratique devait confirmer.

Trois ans après, en avril 1861, les mêmes chênes sont
éclaircis à 1 mètre 50 centimètres de distance. Les
arbres, beaucoup trop serrés, tendaient à envahir les
allées. A ce propos, M. Rousseau consigne sur son registre une observation de laquelle il résulte qu'il confond
les éclaircies avec les élagages. « Bien que cette opération (les éclaircies) soit au contraire à la truffe et doive
diminuer la récolte suivante, je me détermine à la faire. »
Il est certain, comme nous venons de le voir, que les
élagages préjudicient aux récoltes futures, mais les
éclaircies ne leur ont jamais nui et ne pourront jamais

leur nuire. Si vous coupez à blanc, étoc, vous faites périr toutes les radicelles des arbres retranchés. Cette opération tourne, il est vrai, momentanément à l'avantage des arbres laissés en place ; elle leur permet d'accroître le nombre de leurs petites racines, et loin de diminuer, la récolte devra être en progrès, jusqu'à ce que les arbres recépés aient pu former de nouvelles radicelles. Il n'y a donc là qu'un expédient. Si, au contraire, vous procédez par arrachage des souches, cette opération pourra bien d'abord contrarier les radicelles des chênes restés debout ; mais en leur donnant plus d'air, plus d'espace, d'innombrables radicules se formeront, ce qui favorisera la multiplication des tubercules. Il n'y a donc rien d'étonnant que les éclaircies du mois d'avril 1861 aient accru la récolte suivante, au lieu de la réduire. Nous engageons M. Rousseau, ainsi que tous les praticiens, à ne pas confondre deux choses entièrement distinctes et qui produisent des résultats bien différents : les élagages et les éclaircies.

La treizième année (1861-62), M. Rousseau continue ses élagages sur les semis de 1847 et 1850. Il persiste à penser qu'il faut élaguer les jeunes chênes à partir de la troisième année. Enfin, au mois de mars 1863, il procède à de nouvelles éclaircies. La raison qu'il en donne, c'est que les années pluvieuses de 1859-60 avaient submergé ses terrains et causé beaucoup de dommages à ses plantations. Il arracha ceux des arbres qui avaient le plus visiblement souffert, ce qui permit à ceux restés debout de reprendre toute leur vigueur.

Là s'arrêtent les observations consignées sur le registre et relatives à la conduite des bois. Mais dans une lettre qu'il nous a écrite en 1865, M. Rousseau émet une théorie nouvelle : il prétend que, pour avoir de bons chênes truffiers, il faut tous les vingt-cinq ou trente ans les recéper rez-terre. Il pense qu'un repos forcé de trois à quatre ans devra régénérer les truffières épuisées et leur donner plus de forces productives. Cette théorie peut séduire M. Rousseau, mais d'abord elle a besoin d'être sanctionnée par la pratique. Ensuite elle offre l'inconvénient, très-grave à nos yeux, de priver le propriétaire de tout revenu pendant trois ou quatre années. Nous verrons plus tard si M. Rousseau s'applique lui-même cette théorie.

Durant sa longue pratique, trois choses semblent surtout l'avoir préoccupé : nous voulons parler de l'humidité, de la sécheresse et de la gelée, trois phénomènes météorologiques au sujet desquels il a consigné maintes observations sur son registre. Il résulte de ces observations qu'à Puits-du-Plant les années humides sont les plus mauvaises, les années sèches les meilleures, enfin que la gelée, sur laquelle il n'a fait qu'une seule observation, n'a que très-peu d'influence.

Les trois années 1859, 1860, 1862, qui furent pluvieuses, fournirent à M. Rousseau le sujet d'observations nombreuses sur l'influence de l'humidité. Rappelons d'abord que Puits-du-Plant est une espèce de cuvette qui reçoit toutes les eaux des propriétés voisines, et que sur

100 parties de terre végétale, il y en a 38 d'argile. Ajoutons que le canal de la Durance, terminé en 1858, le domine de plusieurs mètres d'élévation, et que, filtrant à travers les terres, ses eaux arrivent jusqu'à Puits-du-Plant. Toutes ces causes d'humidité déjà bien grandes s'aggravent encore dans les années de pluie. Ceci prouve que la propriété de M. Rousseau ne convenait que médiocrement pour y établir une truffière. Jamais, avant cette transformation, on n'avait songé à y faire des fouilles, qui probablement n'auraient rien produit. Si, depuis que les semis existent, on y récolte de la truffe, c'est aux soins intelligents dont on les entoure qu'il faut l'attribuer. Si ces soins venaient à leur manquer, il est probable que les tubercules disparaîtraient. Tel est du moins ce qui semble résulter pour nous de la lecture du registre et des nombreuses observations qui s'y trouvent consignées relativement à l'humidité.

En 1859, à la suite de pluies persistantes, Puits-du-Plant est inondé. Quelles furent les conséquences de cette inondation? Le chêne, l'essence des montagnes où la pluie à peine tombée s'écoule, qui se plaît particulièrement sur les terrains secs, eut beaucoup à souffrir. Longtemps il s'en ressentit. Pour lui rendre sa vigueur, comme nous venons de le voir, on fut obligé de recourir à des éclaircies nombreuses; enfin, nous croyons pouvoir l'affirmer, ce qui sauva la truffière, ce furent les travaux d'assainissement que M. Rousseau y fit exécuter.

Dès 1858, il avait établi un canal de ceinture qui lui

permettait de pratiquer les arrosages par infiltration ; mais ce canal était insuffisant, car il n'avait point de rigoles de vidange. En 1862, il fut pourvu à cet objet : on creusa une rigole de décharge profonde, au moyen de laquelle on put vider les canaux à volonté. Comme cette année-là avait été très-humide, M. Rousseau fit exécuter du drainage sur les parties les plus mouillées de sa truffière. Ces deux mesures sauvèrent l'entreprise et assurèrent son avenir. Elles prouvent une grande intelligence chez celui qui les pratiqua; mais, d'un autre côté, n'était-ce point de la part de M. Rousseau une preuve d'inexpérience marquée que d'avoir choisi un terrain aussi bas, aussi frais que celui de Puits-du-Plant, pour y créer une truffière? Certes, si l'entreprise avait été faite par un homme moins persévérant et moins riche que M. Rousseau, il l'aurait certainement abandonnée.

Les observations relatives à la sécheresse sont tout aussi nombreuses, tout aussi intéressantes que celles qui concernent l'humidité; seulement, il résulte de leur ensemble que ce phénomène météorologique est plutôt avantageux que nuisible à Puits-du-Plant, tandis que partout ailleurs, dans Vaucluse, il est souvent préjudiciable aux récoltes. Pour se garer contre la sécheresse, M. Rousseau a les arrosages, qu'il a su très-bien combiner, tandis que chez ses voisins et au pied du mont Ventoux, partout où l'eau manque et où l'on ne peut pas arroser, il n'y a aucune espèce de moyen de remédier à ce fléau. Dans la période décennale de 1855 à 1865,

M. Rousseau compte six années de sécheresse. Elles ont été pour lui très-productives; cependant ses premiers essais d'irrigation échouèrent complètement. C'était durant l'été de 1858; la sécheresse avait été très-grande et le terrain très-aride, même à Puits-du-Plant. En août et septembre, M. Rousseau, au moyen d'une prise sur le canal de la Durance, submergea toutes ses allées. L'eau y séjourna plusieurs jours. Survinrent ensuite des pluies trop fortes qui pourrirent les truffes; bref, la récolte fut mauvaise.

Ce premier essai présentait deux défauts : d'abord la submersion avait été trop forte; ensuite, l'écoulement trop lent. Il n'en fallait pas davantage pour rendre cette opération nuisible. M. Rousseau abandonna donc ce système et songea aux arrosages par infiltration. Il fit en premier lieu creuser le canal de ceinture dont nous avons déjà parlé. Survint l'année 1861, qui lui permit d'appliquer son nouveau système. Cette année-là fut très-sèche. Du mois de mai au 10 septembre, il ne tomba pas une goutte d'eau. Le 20 juillet, M. Rousseau fit un essai d'arrosage par infiltration : il remplit ses fossés jusqu'à moitié de la couche végétale. Il les laissa ainsi pleins durant quarante-huit heures, puis il les fit écouler. Cette opération fut répétée le 1er septembre. Elle assura la récolte, qui fut très-bonne à Puits-du-Plant et qui manqua dans toute la montagne.

Ainsi, deux systèmes d'irrigation se trouvent en présence : l'un par submersion, l'autre par infiltration. Le premier n'a point réussi à M. Rousseau, et cela se conçoit. L'eau avait été répandue sans mesure, tandis que d'ordinaire, on se contente d'humecter légèrement la surface du sol. Mais les arrosages par submersion, pratiqués avec ménagement, devront presque toujours réussir. Les truffières se trouvent, en effet, en grande partie sur des terrains secs et en pente. Or, ces terrains peuvent être recouverts par une mince couche d'eau, sans qu'il en résulte pour eux aucun dommage. D'ailleurs, si le sol formait un plancher un peu trop épais, on pourrait le rompre au moyen d'un écroûtage ou d'un léger hersage. Quant aux truffières situées dans les bas-fonds, on comprend qu'elles ne puissent être inondées sans de graves inconvénients. D'abord, comme elles n'ont point de pente, on peut très-facilement les submerger; ensuite, dès que l'eau les recouvre, l'égouttement ne peut se faire qu'à la longue. Ces circonstances rendent préférables les irrigations par infiltration pour les truffières situées en plaine.

M. Rousseau ne laisse l'eau dans son canal de ceinture que quarante-huit heures. Cette règle doit-elle être considérée comme absolue? Les praticiens devront-ils toujours s'y conformer? Nous ne le pensons point, quant à nous. Avec des terrains moins humides et moins perméables que ceux de Puits-du-Plant, nous ne conseillerions jamais de la suivre sans réserve. Tout doit dépendre de la nature du sol et de son inclinaison. Des essais faits avec soin et l'expérience acquise peuvent seuls servir de guide.

Le registre que nous analysons ne cite qu'un cas de gelée, qui se produisit en décembre 1859. Le thermomètre descendit jusqu'à sept degrés au-dessous de zéro. Toute la couche végétale était dure comme glace. M. Rousseau déclare que cette gelée détruisit beaucoup de truffes. Son registre, au contraire, est muet relativement à la gelée qui s'est produite en janvier 1868. Nous considérons ce silence comme un pas de plus fait dans la question. M. Rousseau aura sans doute compris que la gelée peut seulement atteindre les truffes mûres, c'est-à-dire celles qui sont détachées des racines. Quant aux tubercules qui y adhèrent encore, la gelée ne peut rien contre eux, pas plus que contre les radicelles, pas plus que contre le chêne. C'est là une question sur laquelle nous reviendrons en traitant du climat.

Une seule observation se rattachant à l'histoire naturelle se trouve consignée sur le registre. Elle s'est produite durant la campagne 1866-67. Elle est relative à l'abondance des glands et à l'influence qu'ils peuvent exercer sur la récolte de la truffe. Voici à cet égard le résumé des notes écrites de la main de M. Rousseau : « La dix-huitième année (1866-67) se distingue par une diminution considérable des tubercules. J'attribue ce fait à l'abondance des glands qui ont dû épuiser les chênes. Année moyenne, je n'ai jamais pu récolter que de 35 à 50 doubles décalitres de glands, tandis qu'en 1866 la cueillette a été de 215 doubles décalitres, qui, à raison de 1 fr. 75, ont rendu 376 fr. 25. » Telle est l'opinion de M. Rousseau en ce qui concerne le département de Vaucluse, où domine le chêne vert. Mais elle n'est point partagée par M. Ravel, qui habite les Basses-Alpes, où le chêne blanc occupe tout le terrain. Il considère l'abondance des glands comme un signe certain de l'abondance de la truffe. Cette question sera traitée plus loin, dans le chapitre relatif aux essences de chênes.

Qu'il nous soit permis toutefois, en finissant, de réfuter une opinion consignée sur le registre que nous avons si souvent cité. Voici à peu près en quels termes elle s'y trouve formulée : « La récolte de la dix-neuvième année (1867-68) est la plus forte qui se soit jamais produite. Sur l'année précédente, il y a en sa faveur 225 kilos. » Comment expliquer ce phénomène? M. Rousseau prétend que l'abondance des glands signalée dans la campagne précédente, ayant réduit la récolte des tubercules, les chênes ont pu se reposer et donner en 1867-68 de très-forts produits, c'est-à-dire 535 kilos contre 310 recueillis l'année d'auparavant. Mais s'il admet que les glands ont pu préjudicier à la truffe en 1866-67, et que les chênes en aient éprouvé de la fatigue, il ne peut pas, ce nous semble, soutenir que la diminution durant cette campagne soit cause de l'augmentation en 1867-68. Cette abondance, il faut l'attribuer à la température générale de l'été de 1867, qui ne fut ni trop chaude, ni trop sèche. Au reste, c'est là une question neuve et qui mérite d'être étudiée. Nous la signalons aux naturalistes et aux praticiens.

Tel est, en résumé, l'ensemble des notes qui figurent

6

sur le registre. Des études et des observations de M. Rousseau on peut tirer, quant à present, les règles suivantes, qui doivent prendre place dans le code de la truffi-culture.

Partout où la constitution du sol le comporte, on doit, entre les semis ou plantations de chênes, intercaler de trois à quatre rangées de vignes que l'on cultivera à la charrue.

Vers la quinzième ou dix-septième année, lorsque les chênes occuperont la plus grande partie du sol, on arra-chera les vignes qui ne se nourriraient plus qu'aux dépens des arbres et des tubercules.

La truffe ne peut s'accommoder d'aucune sorte d'en-grais; il lui faut une terre complètement nue, débarrassée de toutes espèces de plantes parasites et de débris quel-conques, végétaux ou animaux, en décomposition.

Les élagages réduisent la récolte de la truffe en pro-portion des branches enlevées.

Les éclaircies à blanc, étoc, et surtout les arrachages des souches, lui sont favorables.

Les recépages de vingt-cinq à trente ans dont parle M. Rousseau, et sur lesquels il compte pour restaurer ses vieilles truffières, sont à expérimenter.

L'humidité est le fléau le plus dangereux pour le chêne et pour le tubercule ; les truffières ne doivent point être établies dans les terrains bas et humides. Celle du Puits-du-Plant, sujette aux infiltrations du canal de la Durance et à la submersion des eaux d'égouttement des propriétés voisines, n'a pu être maintenue féconde que par des travaux d'assèchement et de drainage.

La sécheresse cause beaucoup moins de dommages que l'humidité. Il suffit de deux à trois légères pluies, du mois de juillet au mois de septembre, pour assurer une bonne récolte. A Puits-du-Plant, terrain que sa position rend forcément humide, les années sèches sont les plus productives. Il est vrai que les années pluvieuses y sont aussi les plus mauvaises. Dans Vaucluse, les années de sécheresse sont souvent fatales; on ne peut y remédier que par l'irrigation.

La gelée n'a qu'une influence secondaire sur la récolte. Elle ne frappe que les truffes détachées des racines, c'est-à-dire celles qui sont mûres. Bien que M. Rousseau n'en parle point, on peut atténuer les torts de la gelée par des fouilles plus fréquentes, de telle manière que le tubercule mûr reste le moins longtemps possible dans la couche glacée.

On doit considérer l'abondance des glands comme nuisible à la production truffière; mais de la réduction des tubercules on ne peut pas en induire un temps de repos pour le chêne, ni une heureuse préparation pour la récolte suivante. La force dépensée à produire des glands doit être perdue pour la production truffière. C'est là une doctrine conforme à la nature; elle mérite d'être confirmée par l'observation.

Voilà bien les règles que l'on peut tirer des observations consignées sur le registre de M. Rousseau. Ce document trace en quelque sorte l'histoire des succès et des revers de Puits-du-Plant. Ainsi spécialisées, ces règles pourraient bien ne pas être applicables d'une manière absolue; mais elles serviront de point de départ aux praticiens, qui pourront les modifier suivant les circonstances locales.

NOTA. — Voir le supplément, à la fin de ce livre, pour le complément des truffières de M. Rousseau.

CHAPITRE VII

Le sol favorable à la truffe.

En économie rurale, le sol est la couche d'humus sur laquelle on multiplie les plantes que l'homme s'est appropriées et qu'il a perfectionnées par la culture. Le sol est très-divers dans sa compostion géologique et chimique. Or, cette diversité explique la multiplicité des plantes. Chaque espèce occupe les terrains qui lui sont propres, de manière à ce que la superficie du globe soit partout couverte de végétation. Ainsi le veut la Providence, qui a distribué à profusion la vie sur tout le globe.

Les plantes qui, pour prospérer, réclament une riche couche d'humus, comme par exemple le blé, la betterave, le colza, etc., jouent sans doute un très-grand rôle dans les fermes; mais, à nos yeux, celles qui préfèrent les plus mauvaises terres ont une autre importance. Tout le monde conçoit que l'on tire de grosses récoltes des alluvions de la Loire ou du Rhône, et des déjections volcaniques de la Limagne; mais ce qui est plus difficile à comprendre, c'est que des terres en apparence sans valeur agricole, comme les *garrigues* de Vaucluse, les *galuches* de la Vienne, les *causses* du Lot, puissent donner

un revenu net au moins égal, sinon supérieur aux terrains les plus fertiles. Or, ce problème peut être facilement résolu par la trufficulture méridionale.

La géologie appliquée nous enseigne à utiliser d'une
manière complète les sols les plus rebelles à la charrue.
Il suffit de découvrir les plantes qui leur sont propres et
de les y reproduire. Or, on sait depuis des siècles que le
chêne réussit à merveille dans les plus mauvaises terres,
et depuis peu on a constaté qu'en multipliant cette
essence, on peut également multiplier la truffe. Mais
comme ce précieux tubercule est fort cher et que les voies
de communication rapides permettent de l'expédier dans
tout le nord de l'Europe, de vastes horizons s'ouvrent à
la trufficulture méridionale. Les plantations de chênes
faites pour en obtenir de la truffe sont très-certainement
une belle découverte.

Rien n'est donc plus utile à l'économie rurale que
l'étude de la géologie dans ses rapports avec l'agriculture.
Cette science, encore incomplète, nous enseigne comment
le globe s'est formé et quelles sont les révolutions qu'il a
eues à subir. Sans remonter aux hypothèses de Laplace et
d'Herscheel, prenons notre planète au moment où la
croûte superficielle se refroidit. A partir de ce moment
jusqu'à nos jours, la série d'années se compte par millions. M. Élie de Beaumont divise cette croûte, formée
successivement, en un certain nombre d'étages qu'il appelle
époques. La première embrasse les terrains granitiques
ou produits par le feu, qui occupent de vastes étendues

sur notre territoire. Citons entre autres le plateau central, que l'on suppose avoir échappé aux invasions de la mer.

En se décomposant, les granits ont formé le feldspath, le quartz et le mica, qui constituent principalement les terrains de transition et ceux de la seconde époque. Viennent ensuite les terrains tertiaires, où se trouvent plus particulièrement les sols propres à la culture de la truffe. On les retrouve un peu partout à la surface. Ce sont de très-mauvaises terres dont on peut tirer un grand parti au moyen de la trufficulture. Ces terrains se composent d'un mélange de calcaire, de silice, d'argile et de fer, dont les proportions varient. Ils renferment très-peu d'humus ; mais, en revanche, on y rencontre des cailloux roulés en assez grand nombre.

La couche géologique truffière ne manque pas d'importance. Elle part des Hautes-Alpes, par une altitude de 800 mètres, et se prolonge à l'ouest jusque dans les Charentes, en passant par Vaucluse et la Dordogne. Elle se bifurque du côté des Basses-Alpes et s'étend jusque dans les Alpes-Maritimes. Du côté du nord, elle s'arrête un peu au-dessus de Valence.

Cette couche n'est pas partout la même. Elle varie d'épaisseur, et les mélanges de terrain diffèrent suivant les localités. Ces différences expliquent la diversité dans la production, ainsi que les nuances dans la qualité des tubercules. Mais la composition de la couche végétale n'est pas le seul élément dont il faille tenir compte. Le climat, l'altitude, l'exposition, jouent un très-grand rôle, lorsqu'il s'agit de produits.

Le Midi n'est pas la seule région qui possède des terrains truffiers. On en trouve dans la Bourgogne qui produisent une truffe grise presque sans parfum. Le Nord en renferme des étendues considérables : Seine-et-Marne, Seine-et-Oise se distinguent par de nombreuses couches. On en rencontre dans le bois de Vincennes et aux environs de Montlhéry. Un particulier de cette dernière localité fit, il y a quelque temps, des plantations de chênes qui réussirent à merveille. Il en extrait chaque année de nombreux tubercules, sans parfum, il est vrai, mais qu'il vend à bas prix au commerce parisien. Celui-ci les mélange avec des truffes du Périgord et les livre au consommateur, qui croit acheter des truffes de choix. C'est là une fraude coupable que l'on pourrait réprimer au moyen d'un syndicat chargé de vendre directement dans la capitale les produits du Midi. Nous reviendrons plus loin sur cette idée.

Il y a encore des terrains truffiers au nord et à l'est de Paris, et jusqu'en Lorraine. Seulement, ces pays n'ont point le soleil méridional ; aussi leurs truffes ne valent-elles pas mieux que le navet. Comme elles n'ont aucune importance au point de vue commercial, nous ne les citons ici que pour mémoire.

Nous venons d'indiquer la composition générale des terrains truffiers. Étudions maintenant d'une manière plus détaillée les éléments qui les constituent dans les différents centres producteurs.

En 1834, M. Delastre lut au congrès scientifique de Poitiers un mémoire sur le sol des truffières de la Vienne, et entre autres de celles de l'arrondissement de Loudun. Il se compose, suivant lui, d'une couche de quelques centimètres d'épaisseur d'une argile ferrugineuse à peu près stérile, mélangée de quartz, de sable et de calcaire. Cette couche recouvre un banc épais de calcaire argilo-marneux qui se laisse facilement traverser par les eaux. On l'appelle vulgairement *galuche*. A l'analyse, sur 100 parties, ce mélange renferme 50 de calcaire, 35 d'argile, 15 de sable quartzeux et 5 seulement d'humus. Il serait difficile de trouver une plus mauvaise terre. De son côté, M. le docteur de la Tourrette, dans une lettre qu'il nous a écrite en 1868, nous informe que le sol de l'arrondissement de Loudun est exactement le même que celui de Vaucluse, et notamment des communes de Gigondas, de Semmeyras, Villeneuve-les-Aumont et du Grand-Montmirail. En 1856, lorsqu'il visita les truffières du Puits-du Plant, M. de Gasparin prit un échantillon du sol, dont il fit l'analyse. Il y constata 56,3 p. 100 d'éléments pierreux, silice et calcaire, et 43,7 p. 100 d'éléments terreux, calcaire, silice et argile. Cette couche, on le voit, ne vaut guère mieux que celle des *galuches*.

Dans le Lot, le sol diffère très-peu sensiblement de celui de la Dordogne. Tous les deux se composent, en différentes proportions, de calcaire, de silice et d'argile.

Ce mélange renferme parfois de petits cailloux roulés. Sa couleur rouge ou jaunâtre lui vient de la décomposition du minerai de fer. Dans le Lot, on donne aux sols truffiers le nom particulier de *causse*, ce qui veut dire mauvaise terre.

La composition du sol des environs d'Apt ne nous est point parfaitement connue ; mais elle doit peu différer du sol de l'arrondissement de Carpentras. M. Bonnet, au lieu de nous en faire connaître la nature positive, procède par élimination. Suivant lui, les terrains compacts, constamment humides ou sans consistance, sont les seuls qui ne puissent donner de la truffe. Mais ceux qui peuvent en donner doivent être couverts de chênes ou d'autres essences propres à ce genre de production. « On remarque partout, ajoute-t-il, que les sols calcaires, siliceux, ceux de *bonnes senteurs*, comme appelle Olivier de Serres les terrains où croissent spontanément le thym, la lavande, le serpolet, sont plus favorables que tout autre au développement de ce tubercule. » M. Bonnet ne semble pas se préoccuper du sous-sol, dont l'influence en économie rurale est cependant considérable.

Ce que nous venons de dire du sol de la Dordogne, de la Vienne, du Lot et de Vaucluse, s'applique à peu près à tous les autres départements producteurs de truffes. Sauf de légères différences, tous se ressemblent. C'est toujours, nous le répétons pour la troisième fois, un mélange de calcaire, de silice, d'argile et de fer, à différentes doses, impropre à la culture des plantes économiques.

Le sol ne doit pas être humide, parce qu'alors les truffes ne s'y plairaient point. A cet égard, le président du comice agricole de Carpentras, M. Loubet, dans son rapport du 12 juillet 1857, émet une opinion qu'il nous permettra de ne point partager. Il soutient « que le sol humide fermente et engendre une multitude de plantes hétérogènes, que bientôt la moisissure s'établit sur l'épiderme de la truffe, qui dépérit, se corrompt et devient la pâture des vers. » Assurément c'est là ce qui peut se passer dans les années pluvieuses; mais un sol continuellement mouillé ne se prête point à la production de la truffe. Il lui faut une terre saine, composée comme nous venons de le dire, et se trouvant à l'exposition du midi.

Le sous-sol doit être perméable, à moins qu'il n'offre une inclinaison suffisante pour l'écoulement des eaux. Cette condition est presque aussi importante que la composition du sol.

Les sous-sols de pierre ou de roche calcaire sont les plus fréquents dans le Périgord; mais leur inclinaison remédie à l'imperméabilité. Dans la Vienne, le sous-sol est calcaire-argilo-marneux. Cette couche devrait être imperméable; toutefois les nombreuses fissures qui existent à la surface laissent échapper les eaux. Sans cette circonstance, la production de la truffe serait impossible.

Le sous-sol de Vaucluse consiste, dans les parties basses, en une couche de gravier. Dans les parties hautes, ce sont des terres d'éboulement ou des roches calcaires.

La truffière de Puits-du-Plant a un sous-sol composé de petites pierres liées entre elles par un ciment naturel, ce qui forme un véritable poudingue. Mais cette couche assez profonde se laisse facilement pénétrer par les eaux et n'est point un obstacle à ce que le phénomène de la capillarité s'accomplisse.

L'inclinaison du sol doit jouer un certain rôle dans la production. On remarque, en effet, que les meilleures truffes se trouvent sur les coteaux. Cette disposition du terrain permet aux eaux de pluie de s'écouler, de telle sorte qu'il n'y a jamais trop d'humidité. La truffe s'accommode plutôt de la sécheresse.

Il existe cependant des truffières dans les plaines; mais leurs produits sont moins estimés. On nous en a cité quelques-unes dans les environs de Sorges, qui se trouvent dans ces conditions. Pour qu'elles puissent donner des produits marchands, il leur faudrait un sous-sol très-perméable, ce qui ne les empêcherait pas de redouter davantage les années pluvieuses que les truffières placées sur les coteaux. Elles seraient d'ailleurs toujours envahies par les mauvaises herbes et nécessiteraient un entretien plus coûteux. On fera donc très-bien de ne point planter de chênes dans des terrains trop bas et difficiles à ressuyer.

Ce qui confirme notre opinion, c'est ce qui passe sur une nouvelle truffière lorsqu'elle est au moment de produire. Tous les praticiens connaissent le phénomène que nous signalons. Le sol, jusque-là couvert de quelques herbes, se dénude insensiblement et finit par devenir stérile ou *brûlé*, comme on dit dans le Périgord. Evidemment ce phénomène ne pourrait guère se produire dans des terrains bas et humides. M. Tulasne, qui a visité les environs d'Apt, cherche vainement à s'expliquer la cause de cette dénudation. Rien n'est pourtant plus simple. Les radicelles du chêne qui pullulent à l'intérieur absorbent tous les sucs qui nourrissent les plantes de la surface et les font périr. C'est ainsi que le sol se dénude et que, les radicelles se multipliant, on touche au moment de la production. Il n'y a pas d'autre explication à donner du phénomène qui étonne si fort M. Tulasne ; mais cet auteur, prévenu par l'idée que la truffe est un champignon, et que jamais elle n'adhère aux racines du chêne, était incapable de trouver cette solution. Quand on est si loin de la nature, comment pourrait-on deviner ses secrets? M. Tulasne déclare n'avoir jamais vu que des truffières à moitié fouillées. Il attribue leur dénudation au travail de la truie et non à l'action des racines. Il ne compte pour rien les croyances du vulgaire qui regarde la dénudation du sol comme le précurseur de la truffe. Quant aux praticiens eux-mêmes, ils n'ont jamais cherché à se rendre compte des causes qui la déterminent.

Après le sol, les circonstances climatériques exercent une très-grande action sur la culture des végétaux et sur les produits qu'on en retire. Ces circonstances sont multiples; elles concernent la chaleur et le froid, la sécheresse et l'humidité, l'action des vents et de l'ombrage. Toutes ces questions se rattachent à la météorologie. Nous allons les examiner l'une après l'autre et montrer quels

7

rapports intimes existent entre les phénomènes météorologiques et la production de la truffe. Le point de vue auquel nous nous plaçons est complètement nouveau, et
c'est pour ne pas l'avoir découvert que l'Académie des
sciences est tombée dans les graves erreurs que nous
lui reprochons.

CHAPITRE VIII

Le climat favorable à la truffe.

L'ensemble des phénomènes météorologiques, la manière dont ils se produisent, leur durée respective, constituent ce qu'on appelle le *climat*. Ces phénomènes comprennent : la température, la pluie et la sécheresse, la chaleur et le froid, les vents et les orages. Ils constituent ce qu'on appelle les milieux, dont l'influence est si considérable sur les plantes et sur les animaux. Toutes les fois donc que l'on veut développer une culture déjà établie ou en introduire une nouvelle dans une région, il faut, pour réussir, s'assurer si les circonstances climatériques lui conviennent. Il n'est donc pas hors de propos d'examiner ici celles que la truffe préfère.

Il faut au précieux tubercule un temps chaud en été. La sécheresse et la chaleur ne lui sont point nuisibles, pourvu qu'il pleuve légèrement en juillet et en août. En automne et en hiver, tant qu'il se développe, il ne redoute point les frimas ; mais aussitôt qu'il est mûr et qu'il se détache de la racine, il gèle très-facilement. Les pluies d'automne, lorsqu'elles se prolongent trop longtemps, lui sont préjudiciables. La truffe se plaît sur les coteaux abrités contre les vents du nord. Elle redoute plus l'ombrage qu'elle ne l'aime. Telles sont, à grands traits, les circonstances qui la favorisent ou lui sont contraires.

Le type du climat le plus convenable pour la truffe est celui de la Dordogne et de Vaucluse. Il pleut dans Vaucluse au printemps ; mais l'été est presque toujours sec et chaud. Quelquefois, en juillet et en août, la sécheresse continue. D'autres fois elle est interrompue par de légères pluies ; mais le soleil est toujours brûlant. C'est seulement vers le mois d'octobre que des ondées bienfaisantes viennent rafraîchir la température. Il est rare que l'hiver se montre rigoureux ; cependant, depuis quelques années, le froid sévit plus fort dans le midi que dans le nord de la France. Par exemple, l'hiver de 1867-68 a été plus dur dans Vaucluse et dans la Dordogne qu'à Paris. Tandis qu'à Paris le thermomètre n'est guère descendu au-dessous de huit à neuf degrés, il marquait quatorze et quinze degrés à Avignon et à Périgueux. La couche végétale était complètement prise jusqu'à 35 centimètres de profondeur. Cela n'a point empêché de récolter dans cette couche des tubercules complètement intacts, à côté d'autres complètement gelés.

Ceci prouve que, dans les conditions normales, la truffe ne craint ni la trop grande chaleur, ni les trop grands froids. Elle redoute certainement davantage la sécheresse et l'humidité à certaines époques de la saison. Ainsi, la sécheresse des mois de juillet et d'août lui est tellement contraire qu'elle l'empêche de se former ; mais pendant tout le reste de l'année, la sécheresse n'a aucune prise sur

elle. Les pluies continuelles d'automne lui sont préjudiciables ; elles arrêtent son développement et la pourris-
sent. Quant aux pluies de printemps et du commencement
de l'été, elles ne l'intéressent d'aucune manière, parce
que le tubercule n'est point encore formé.

Le vent exerce aussi une influence défavorable ; mais
les orages semblent lui convenir, bien que ce ne soit là
qu'une hypothèse. Ce qui prouve la mauvaise influence
des vents, c'est que presque toutes les truffières naturelles
sont établies de manière à être protégées contre les au-
tans du nord. A l'égard des orages, si l'on en croit Pline
le Naturaliste, la truffe ne serait que le produit de la
foudre ou de l'électricité. C'est là sans doute ce qui
explique pourquoi le chêne vert et le kermès, dont les
feuilles sont hérissées de piquants, donnent beaucoup de
tubercules et de la meilleure qualité. Si les praticiens
veulent bien diriger leurs observations dans ce sens, ils
reconnaîtront facilement que les années orageuses sont
très-favorables à la production.

Indépendamment des montagnes et des coteaux, il existe
d'autres abris, généralement formés par des massifs
d'arbres. Ces abris sont nécessaires pour faciliter l'accouplement des mouches. Mais cet insecte merveilleux, pas
plus que la truffe elle-même, n'aime les ombrages. S'il
faut à la mouche le soleil et la lumière pour la déterminer à faire son travail, cela ne prouve-t-il pas que la
noix de galle souterraine elle-même aime le soleil et la
lumière ? L'expérience d'ailleurs établit que presque par-

tout où le chêne croît en massifs serrés, le sol devient stérile. Dès l'instant que la truffe ne redoute pas la chaleur et que la sécheresse ne lui est contraire que dans les mois de juillet et d'août, on ne voit pas pourquoi elle affectionnerait les ombrages.

Telle est, en aperçu, l'influence que le climat exerce sur la production de la truffe. Les règles que nous venons de poser sont les résultats d'observations séculaires. Afin de mieux les faire comprendre, nous allons les développer en citant quelques exemples.

Pour bien juger de l'effet produit par la température, il faut rappeler ce qui se passe dans Vaucluse, département au milieu duquel se trouve le Ventoux dont la hauteur dépasse 1,900 mètres. Le Ventoux, comme nous l'avons dit déjà, sauf quelques faibles étendues, est complètement déboisé. Nous avons rappelé qu'on était en train d'y semer des chênes truffiers. Or, à 700 mètres d'altitude, le chêne vert cesse de végéter. Le chêne blanc s'élève jusqu'à 1,000 mètres. Quant à la truffe, à partir du point où le chêne vert disparaît, elle est de moins en moins grosse, de moins en moins abondante, de moins en moins parfumée jusqu'à 900 mètres, où elle fait place à d'autres produits. Dans les Hautes-Alpes, elle s'arrête à 800 mètres.

M. Ravel (de Montagnac), après avoir rappelé que le chêne blanc végète dans toute l'Europe, affirme que partout où cette essence existe, on pourrait récolter de la truffe. Sans doute; mais quelle en sera la qualité?

M. Ravel ne tient pas compte des conditions de chaleur qui donnent au tubercule son parfum, lequel, après tout, est son seul mérite. M. Tulasne cite à Étampes, sur les coteaux de la Beauce, et jusque dans le bois de Vincennes, des terrains qui ont de l'analogie avec ceux de Vaucluse, de la Dordogne et de la Vienne. Sur ces terrains, on récolte également de la truffe; mais elle manque de parfum, et par conséquent elle est sans valeur.

La truffe de Bourgogne est médiocre, parce que la température de cette province est moins chaude que celle de Vaucluse et de la Dordogne. La chaleur est donc le principal élément dont il faut tenir compte, lorsqu'on s'enquiert de la bonté des produits.

S'agit-il de son abondance? Les praticiens croient généralement qu'une trop grande chaleur, en été, *brûle le germe* du tubercule et l'empêche de se former. Cette opinion est émise par M. Ravel, qui la discute assez longuement. C'est là, selon nous, une méprise. La chaleur des mois de juin, juillet et août ne brûle point le germe de la truffe, puisque ce germe n'existe pas encore. Elle durcit le sol outre mesure et empêche la mouche de faire son travail. Il n'y a pas d'autre moyen d'expliquer une croyance populaire qui repose sur l'ignorance la plus complète de l'histoire naturelle de la truffe.

S'il faut tenir grand compte de la chaleur, il n'en est pas de même du froid et de la gelée qui, sauf une exception, n'ont aucune prise sur le tubercule. Cela vient de ce qu'il se trouve adhérent aux racines et qu'il jouit de toutes les immunités dont les racines jouissent elles-mêmes. Or, que s'est-il passé en 1868? Dans la couche végétale complètement gelée, on a, comme nous l'avons déjà dit, trouvé des truffes intactes et d'autres décomposées par le froid.

Comment expliquer cette différence? Celles qui étaient intactes adhéraient encore aux racines; les autres en étaient séparées. En fait, la gelée ne peut atteindre que les truffes détachées des racines, c'est-à-dire celles qui sont mûres. Les autres continuent à se former en dépit de la glace, car elles tirent leur substance de l'arbre auquel elles adhèrent, et ne font en quelque sorte qu'un seul corps avec lui. Sauf donc le cas où la truffe a cessé d'être un parasite, elle ne redoute en rien la gelée. Il n'y a qu'un froid très-rigoureux et inconnu à notre climat qui pourrait faire périr les racines, et avec elles les arbres.

La sécheresse, lorsqu'elle se produit durant les mois de juillet et d'août, paralyse la production. Elle empêche le travail de la mouche. Il est en effet difficile à un insecte, quelque bien organisé qu'il soit par la nature, de pénétrer une couche de terre durcie par le soleil et le défaut d'humidité. En voici un exemple frappant : en 1862, du mois de mai au 10 septembre, la sécheresse fut très-grande dans Vaucluse. Il s'en suivit que la récolte fut complètement nulle. Dans les truffières de M. Rousseau, au contraire, la sécheresse se trouvant atténuée par les infiltrations du canal d'arrosage qui les domine, le sol était ainsi moins dur. Mais M. Rousseau voulut aller plus loin : le 20 juillet et le 1er septembre, il remplit d'eau les fossés qui circonscrivent sa truffière, et pendant quarante-huit heures cette eau put pénétrer dans le sol. Il n'en fallut pas davantage pour le rendre accessible aux mouches, et M. Rousseau put en extraire une magnifique récolte. Ainsi l'irrigation, à laquelle nous joindrions des hersages superficiels répétés, nous paraît être le seul moyen de remédier à la sécheresse.

La sécheresse ou l'humidité contribue à la disposition de la truffe dans le sol. Supposons un chêne isolé. Lorsque la saison est sèche, les tubercules se trouvent du côté du nord, c'est-à-dire dans la partie du sol où les branches projettent leur ombrage et où il y a le plus d'humidité. Au contraire, lorsque l'année est pluvieuse, les truffes préfèrent le côté du midi, qui est plus exposé au soleil. Comment expliquer ces phénomènes ? Lorsqu'il fait trop sec, la mouche trouve plus facilement à pénétrer dans le sol du côté nord où il existe encore quelque fraîcheur et où la terre est moins durcie. Lorsqu'au contraire l'année est humide, la mouche aime mieux faire son travail du côté sud, qui est plus exposé au soleil et qui s'égoutte plus facilement.

L'observation a fait reconnaître que les pluies légères, pendant les mois de juillet et d'août, étaient indispensables à la formation du tubercule. Tous les praticiens sont d'accord sur ce point. M. l'abbé Charvat, dont nous avons

7.

déjà exposé les théories, pense que les pluies de juillet et d'août liquéfient le *principe truffier*, le répandent dans le sol et assurent des fouilles opulentes. Cette assertion n'a pas plus de valeur que celle de M. Ravel, lorsqu'il exprime que la trop grande chaleur brûle les germes et les empêche de se former. Ces deux manières de voir ne méritent même pas qu'on les réfute.

A son tour, M. Tulasne signale l'opinion des praticiens en ce qui concerne les pluies de juillet et d'août; cet écrivain paraît admettre que toutes les truffes sont complètement mûres à la fois. Or, si toutes mûrissent ensemble, c'est que probablement toutes auront été formées ensemble; mais c'est là une erreur du savant micologue. D'abord, toutes les truffes ne sont pas mûres en même temps. Il y en a que l'on récolte en novembre, d'autres en mars et même au commencement d'avril. Que prouve ce fait? C'est que, si on récolte des truffes pendant quatre mois, l'époque de leur formation doit durer quatre mois. Relativement à l'influence de la pluie en juillet et en août, M. Tulasne ne cherche pas même à l'expliquer. Comment l'expliquerait-il, puisqu'il est à côté de l'histoire naturelle de la truffe? Si ce tubercule est un parasite radiculaire et que sa formation soit due à la piqûre d'un insecte, il faut admettre que les pluies de juillet et d'août favorisent singulièrement le travail de cet insecte et assurent une bonne récolte, tandis que la sécheresse durcit le sol, empêche la mouche de pénétrer jusqu'aux racines et devient par suite un obstacle à la production.

Voilà une explication conforme aux faits observés, et qui donne la raison d'un phénomène dont l'Académie des sciences n'a jamais pu pénétrer les causes.

On croit généralement que l'ombrage joue un très-grand rôle dans la germination de la truffe. Nous avons démontré le contraire, en prouvant que les plus grandes chaleurs d'été lui étaient indifférentes, et que par conséquent elle n'avait pas besoin d'être protégée contre l'ardeur du soleil. Mais nous allons plus loin : non seulement les ombrages ne sont pas utiles, mais ils sont nuisibles lorsque, arrivés à un certain âge, les chênes forment des massifs serrés. C'est alors qu'il faut recourir aux éclaircies pour donner de l'air, de la lumière et pour ramener la production. Au lieu de protéger les germes du tubercule, l'ombre pourrait bien plutôt tourner au profit des racines et surtout des radicelles. Il est certain que si, dans les années chaudes et sèches, l'ombre couvre la partie du sol occupée par les racines, cette partie se trouvant plus humide, fournira aux radicelles une nourriture plus abondante que si elle était complètement durcie par le soleil. A ce point de vue, l'ombrage peut offrir quelque intérêt. Mais venir nous dire qu'il abrite les germes, qu'il les empêche d'être brûlés, c'est faire une histoire naturelle de fantaisie.

M. le docteur Fleurot, dont nous avons déjà cité le mémoire sur l'origine de la truffe, va plus loin encore que les praticiens sur la question des ombrages. Il soutient que la forme elle-même de l'arbre doit avoir une action décisive : « Certains d'entre eux, dit-il, par la dimension de leurs branches, de leurs rameaux, de leurs feuilles, réalisent sur le sol qu'ils recouvrent les conditions essentielles à la production des truffes, tandis que leurs voisins, *par des formes très-différentes*, mettent le sol dans des conditions très-opposées. »

Cela n'est pas sérieux, et nous n'avons rapporté cette citation que pour montrer dans quelles erreurs on peut tomber en traitant la question de la truffe.

Depuis longtemps, les praticiens tiennent grand compte des abris qui protégent les truffières. M. Ravel les considère comme favorisant la multiplication de la mouche en lui permettant de s'accoupler. Il est certain que le côté des truffières exposé aux vents du nord ne donne jamais qu'une faible récolte, à moins que l'année ne soit très-sèche. C'est là un fait que l'on n'a point encore signalé et que l'observation permettra de vérifier. A l'inverse, les abris contre le soleil du midi peuvent être nuisibles. Il y a dans la truffière de M. Rousseau une vieille masure qui la limite et qui couvre une ligne de ses chênes. La partie ainsi couverte ne reçoit que rarement les rayons du soleil. Eh bien ! au bas de ces chênes, on ne trouve presque pas de truffes. Pourquoi cette anomalie que M. Rousseau signale à tous ses visiteurs et qu'il n'a jamais pu expliquer? C'est parce que les mouches fuient les endroits humides privés de soleil, et qu'elles refusent de piquer les racines des arbres dont les pieds sont sans cesse dans l'ombre. Que M. Rousseau démolisse la masure, et bientôt cette partie de sa truffière sera tout aussi fertile que les autres. Les praticiens devront donc tenir grand compte des abris, soit qu'ils protégent les chênes contre les vents du nord, comme le mistral dans la Provence, soient qu'ils empêchent les rayons solaires d'arriver jusqu'aux pieds des plantations.

L'exposition de la truffière doit avoir une grande influence sur la qualité du produit. Les terrains en pente qui regardent le plein midi sont, sous ce rapport, plus heureusement situés que les terrains en pente qui tournent vers le nord ou qui se trouvent dans une plaine ouverte à tous les vents. On sait depuis longtemps que le gibier chassé sur des versants exposés au midi est bien préférable au gibier chassé sur un versant septentrional. A la dégustation, les gastronomes ne s'y trompent jamais.

Des remarques semblables ont été faites relativement au règne végétal. Les produits récoltés dans la plaine sur des terrains d'alluvion ne valent pas les produits récoltés sur les coteaux dont le sol léger et graveleux est exposé en plein midi. Ces observations s'appliquent également à la truffe, dont le parfum fait le principal mérite. Ce parfum, sans doute, est moins développé, moins pénétrant chez la truffe récoltée en plaine que chez la truffe récoltée sur des coteaux que le soleil inonde toute la journée de ses rayons. Mais la truffe que l'on rencontre sur les versants exposés au nord n'a plus la même qualité; elle ne vaut certainement pas l'autre pour les usages culinaires. A cet égard, nous pourrions citer des faits nombreux que nous avons observés dans la Dordogne; mais il est inutile d'insister, car tout le monde connaît l'influence que l'exposition exerce sur les produits agricoles.

Encore une anecdote sous forme de conclusion. En 1857, au mois de janvier, nous publiâmes dans la *Presse* nos premiers articles sur la mouche truffigène, dans lesquels nous parlions des truffières qui existent aux environs de Paris. Quelque temps après, nous fûmes accosté dans la rue Coquillière par un inconnu qui nous dit en nous nommant : « Vous m'avez fait perdre 60,000 fr.—Comment ça? lui dis-je. C'est la première fois que je vous rencontre.—Le voici, répliqua-t-il. J'ai lu les articles que vous publiâtes l'année dernière sur les truffes des environs de Paris. Je m'empressai de louer une partie de la forêt de Fontainebleau et d'y faire des fouilles. J'y découvris en effet beaucoup de tubercules; mais ils étaient sans valeur; je n'ai donc pu les vendre, et j'en ai été pour une dépense considérable. — Monsieur, lui répondis-je, si vous aviez pris la peine de passer dans mon cabinet et de me demander mon opinion, je vous aurais répondu que ces truffes sont mauvaises. Vous auriez encore ainsi dans votre poche les 60,000 fr. que vous dites avoir perdus. — Merci, » interrompit mon inconnu en s'éloignant. J'ignore encore aujourd'hui son nom.

CHAPITRE IX

Essences sur lesquelles se forme la truffe.

La production raisonnée de la truffe n'est pas seulement une question agricole ; c'est surtout une question de sylviculture On sait que le midi de la France est complètement déboisé et qu'il faut attribuer à cette cause la perversion du climat. Le froid, la chaleur et la sécheresse qui auront signalé l'année 1868 sont une preuve de ce que nous avançons. Comment rendre à notre climat, devenu excessif, l'uniformité dont il jouissait jadis et qui l'avait fait nommer la zone tempérée ? Le reboisement est le seul remède qu'il faille opposer à ce phénomène météorologique.

Mais le reboisement est une opération qui exige beaucoup de temps et des dépenses considérables. Lorsqu'on l'envisage seulement au point de vue forestier, dans un siècle, les produits n'auront point remboursé les frais de l'entreprise. C'est la lenteur avec laquelle le reboisement recompose le capital absorbé qui en retarde l'exécution.

Eh bien ! la trufficulture, partout où le sol lui est favorable, offre un moyen simple, rapide, économique, de couvrir de plantations une partie des terres à peu près

stériles du Midi et de leur faire produire un bon revenu.
Que faut-il, en effet, pour reboiser avec du chêne un hectare de terre? La depense est minime. Lorsque, dans la
Dordogne, on opère sur de vieilles vignes épuisées, les plantations ne coûtent rien aux propriétaires ; elles sont exécutées par les métayers qui, pendant les cinq ou six premières
années, reçoivent pour toute rémunération les quelques
raisins que la vigne peut encore donner. Après cette période, on arrache les ceps, et on commence à récolter de
la truffe au pied des chênes. Cette récolte incomplète fait
plus que couvrir les frais de main-d'œuvre, qui consistent
chaque année en un labour et en des travaux d'élagage
et d'éclaircies. Pour montrer combien l'opération est
avantageuse, ajoutons que les vieilles vignes épuisées valent à peine 300 fr. l'hectare, et que, aussitôt couvertes de
jeunes chênes, elles peuvent se vendre jusqu'à 1,500 fr.

Ainsi, dans le Périgord on peut, sans bourse délier, reboiser les terrains aujourd'hui stériles. Lorsqu'on songe
que, parvenu à sa dixième année, un hectare de jeunes
chênes entretenus d'après les méthodes que nous indique-
rons bientôt, et qui sont peu coûteuses, doit donner un revenu de 500 fr., on ne conçoit pas qu'il existe encore dans
le Midi un lopin de terre dénudée. En conséquence, nous
croyons qu'il est du devoir des comices agricoles de tous
les centres producteurs de mettre à l'ordre du jour la
question truffière et de s'efforcer, par tous les moyens
dont ils disposent, à la faire prévaloir. Nous avons déjà parlé
des vastes plantations de chênes faites depuis vingt-cinq ans

dans la Vienne et dans Vaucluse. Ces deux départements marchent en tête du progrès, et bientôt celui de Vaucluse surtout, dans lequel le déboisement avait atteint ses dernières limites, sera couvert de magnifiques forêts qui exerceront une influence bienfaisante sur la température. Mais il reste encore beaucoup de départements qui sont à peine entrés dans la voie nouvelle. Nous citerons entre autres le Var, les Basses-Alpes, la Drôme, Tarn-et-Garonne, le Lot, le Tarn, la Corrèze, dans lesquels on connaît à peine les travaux exécutés par les trufficulteurs de Vaucluse et de la Vienne. Il faut que, partout où on est en retard, les comices se mettent à l'œuvre, et que le gouvernement encourage par des primes les plantations de chênes que l'on exécutera sur les sols improductifs.

La truffe, nous l'avons déjà dit plusieurs fois, est un parasite qui se développe sur les racines d'un certain nombre d'essences. Quelle en est la liste? Elle est assez longue. Pour plus de régularité, nous les divisons en deux classes : celles qui n'appartiennent pas à la famille des quercinées et celles qui en font partie. Dans la première classe, il faut comprendre le noisetier, le charme, le hêtre, l'épicéa, le châtaignier, le bouleau, le pin d'Alep, le pin sylvestre, le buis, le genévrier, etc. Dans la seconde se rangent toutes les variétés de chênes.

La première catégorie d'essences truffières embrasse les individus qui peuvent entrer dans le reboisement, c'est-à-dire fournir des arbres de haute futaie ; le hêtre, le pin d'Alep, l'épicéa, le bouleau, le pin sylvestre appartiennent à cette catégorie. Le hêtre aime les massifs serrés et préfère les expositions au nord. Il ne pourra donc jamais être que d'un très-faible secours dans la production truffière. On sait que les tubercules ne se montrent jamais dans les massifs, à moins que ce ne soit sur les bordures, et qu'ils affectionnent particulièrement les arbres isolés. Le charme est à la fois un arbre d'agrément et un arbre forestier. Comme il aime également les massifs, il ne donne de la truffe que dans les allées. Les résineux que nous avons nommés se trouvent dans le même cas. Quant aux buis, aux noisetiers et aux genêts, que des personnes considèrent comme donnant de la truffe, ce sont de simples arbustes, bons seulement pour couvrir certaines pentes arides sur lesquelles les grandes essences ne peuvent prospérer.

Toute cette première catégorie ne donne que fort peu de truffes et de médiocre qualité. Nous avons cependant vu dans la Dordogne de jeunes plantations composées de hêtres, de bouleaux et de charmes au bas desquels nous avons fait une fouille assez fructueuse. Le propriétaire nous a avoué que cette plantation n'avait pas été faite dans le but d'avoir de la truffe, et que le hasard seul lui avait fait découvrir cette précieuse qualité. A Verteillac, chez M. Ducluzau, une plantation isolée d'épicéas est très-féconde. Nous pourrions multiplier nos citations, mais nous nous bornons à ces deux-là. Nous le répétons, la première catégorie des essences n'offre qu'un faible intérêt pour la trufficulture.

Avant d'aborder les quercinées, disons quelques mots de l'influence que la sève de l'arbre peut exercer sur la qualité du produit. Si, comme nous croyons l'avoir établi, le tubercule n'est qu'un parasite, il doit emprunter une partie de ses qualités à la sève de l'essence sur laquelle il se forme ; c'est ce qui explique pourquoi il y a des truffes qui ont le goût de la résine, par exemple celles qui viennent sur les racines du genévrier et du pin sylvestre ; d'autres qui ont un goût fade, écœurant, comme celles qui viennent sur les racines du buis, etc. Puisque la sève est l'élément qui les forme, il est facile de comprendre qu'elles doivent en rappeler le goût.

La seconde catégorie, qui embrasse les quercinées, est véritablement celle qui intéresse le plus la trufficulture, et qui offre de précieuses essences pour le reboisement. Cette catégorie comprend : le kermès, l'yeuse, le chêne vert, le chêne blanc, le chêne noir, le chêne rouvre, et autres variétés qu'il serait beaucoup trop long d'énumérer. Comme toutes ces essences sont bonnes pour la production de la truffe, nous allons essayer de les classer suivant leur importance productive, leur précocité et les avantages qu'elles peuvent offrir comme auxiliaires du reboisement.

Le kermès est un arbuste aux feuilles persistantes hérissées de pointes, et sur lequel se nourrit un insecte tinctorial du même nom. Cet arbuste a l'air misérable et n'offre aucune ressource pour le reboisement ; mais, en revanche, c'est de toutes les quercinées celle qui donne le plus tôt de la truffe, et qui en fournit de la meilleure. Cette essence n'est bonne que pour utiliser les terrains rocheux sur lesquels il n'existe presque plus de terre végétale. On peut aussi l'employer à faire des haies vives qui remplacent très-bien celles d'aubépine, et au bas desquelles on récolte de la truffe. Cette substitution a été faite avec beaucoup de succès par M. Rousseau dans sa propriété de Puits-du-Plant. Il serait à désirer que son exemple fût imité dans toute la zone méridionale.

L'yeuse est plus développée que le kermès ; ses feuilles sont persistantes et hérissées de piquants. Elle est également bonne pour la truffe et sans valeur pour le reboisement.

Le chêne vert se divise en deux variétés distinctes : l'une qui a les feuilles hérissées de piquants et l'autre les feuilles sans piquants. Chez les deux variétés, les feuilles sont persistantes. Cet arbre met très-longtemps à se développer ; il reste presque toujours chétif et rabougri ; mais il convient parfaitement à la zone méridionale, dans laquelle le chêne blanc ne semble pas toujours se plaire. Il donne du bois très-dur, et en fournit peu. Cette essence doit surtout être préconisée au point de vue de la production truffière. Son importance pour le reboisement n'est que de second ordre. Le chêne vert, l'yeuse et le kermès sont très-répandus dans Vaucluse ; on en trouve aussi dans le Gard et l'Hérault. Du côté de l'Ouest, le chêne vert se rencontre dans Tarn-et-Garonne, Lot-et-Garonne, et remonte jusque dans l'arrondissement de Sarlat (Dordogne) ; mais il ne dépasse pas cette limite.

Le chêne blanc compte aussi plusieurs variétés ; ses feuilles sont marcescentes ; ses glands sont sessiles et sans pédoncules. Cette essence est très-répandue dans la Drôme, les Basses-Alpes et le Var. C'est une des meilleures pour la production truffière. Elle est très-rustique, supporte les hivers rigoureux et donne de hautes futaies. A ce point de vue, elle est très-recommandable pour le reboisement ; elle donne beaucoup de glands, ce qui est une ressource pour l'éducation des porcs. Le chêne vert, au contraire, n'en produit que très-peu.

Dans la Dordogne et dans la Vienne, c'est le chêne noir qui domine. Toutefois, il existe dans la Dordogne une variété aux feuilles étroites et dentelées, dont le gland est petit et l'écorce fine, qui ne donne presque pas de truffes. Il n'appartient pas à la variété du chêne noir, et semble tenir le milieu entre ce dernier et le chêne blanc.

Enfin, dans le Lot, le chêne rouvre est celui qui domine et qui donne les meilleures truffes. Dans le pays, ce chêne s'appelle *curus a dolose ;* on lui reconnaît des qualités truffières transmissibles par les glands.

Telle est, en aperçu, la liste des quercinées qui produisent la truffe. Comme ces essences jouent le plus grand rôle dans cette culture, c'est d'elles seulement que nous nous occuperons.

En tenant compte de la fécondité et de la précocité, voici comment on classe dans Vaucluse les différentes essences truffières. Les plus productives sont par ordre de mérite : le kermès, l'yeuse, le chêne vert ayant des feuilles hérissées de piquants, le chêne vert ordinaire et le chêne blanc. Les plus précoces sont le kermès, l'yeuse, le chêne vert à feuilles piquantes, puis ensuite le chêne blanc. L'infériorité de ce dernier tient sans doute au climat qui, en été, est excessif.

On a constaté qu'à six ans, les essences à feuilles piquantes commencent à donner une bonne récolte, tandis qu'il faut reporter à la huitième ou dixième année cette époque chez les chênes blancs. Mais il y a des exceptions à cette règle. M. Rousseau possède un chêne vert qui, à trois ans, donnait de la truffe. Ce sujet n'avait alors que 30 centimètres de hauteur. Nous avons vu sur le mont Ventoux des chênes blancs de quatre ans qui commençaient à produire.

Dans chacun des départements de l'Ouest, il n'existe guère qu'une seule essence favorable à ce genre de culture. Nous n'avons donc pas besoin de les classer suivant leur degré d'aptitude. Il nous suffira de dire que l'âge de la production est à peu près le même, c'est-à-dire que c'est de huit à dix ans qu'on obtient une pleine récolte. Avant cette époque, le rendement est peu considérable ; mais, comme nous l'avons déjà dit, il paie et au-delà tous les frais d'exploitation.

Comme observation générale, tous les praticiens reconnaissent dans Vaucluse que le chêne vert est beaucoup plus productif que le chêne blanc.

Les tubercules du chêne vert sont beaucoup plus délicats, beaucoup plus parfumés. Cette différence doit venir de ce que la zone méridionale est véritablement la patrie du chêne vert, et que le chêne blanc pourrait bien n'être que le résultat de l'importation.

Nous avons dit que dans Vaucluse le chêne blanc poussait plus vite que le chêne vert. Ce fait est généralement admis; toutefois, citons un exemple qui ne laissera pas le moindre doute à cet égard. En 1862, parmi les premières plantations de Pluits-du-Plant, dont la date remonte à 1847, quelques-uns des chênes blancs avaient déjà 40 centimètres de circonférence à un mètre du sol. Leur croissance avait donc été rapide. Il n'en était pas de même des chênes verts, qui offraient un développement moitié moindre, et qui avaient un aspect chétif. Mais ce qui fera toujours donner la préférence au chêne vert dans Vaucluse, c'est qu'indépendamment de sa fécondité, il se prête mieux que le chêne blanc à la culture intercalaire de la vigne. Comme sa croissance est plus lente, on peut ainsi conserver plus longtemps les ceps, dont les produits indemnisent largement de toutes les façons. Cette culture intercalaire, partout où on pourra l'exécuter, réduira beaucoup les frais de plantation, chose très-importante au point de vue du reboisement.

Les racines du chêne sur lesquelles se développe le tubercule sont en quelque sorte divisées en trois étages. Les mouches les piquent successivement à partir de l'étage supérieur jusqu'à l'étage inférieur. Ce travail dure environ trois mois. C'est ce qui explique pourquoi la récolte des tubercules a la même durée. Les racines s'étendent au loin du tronc. C'est à leur extrémité que se forment les radicules productrices.

Ici se présente une question fort importante : c'est celle de savoir s'il existe des chênes truffiers, c'est-à-dire qui ont la faculté de transmettre à leurs descendants les aptitudes qui les distinguent. Ce problème est diversement résolu. M. de Gasparin, après avoir visité les truffières de M. Rousseau, dit avec raison que tous les glands de ces plantations ayant été cueillis sur des chênes très-fertiles, leurs semis devraient l'être également. Toutefois, bien que quelques sujets soient infertiles, on ne peut pas en conclure que la fécondité soit individuelle. Cela peut être vrai; mais, en fait, il y a plus de chance de réussir avec les glands d'un bon chêne qu'avec les glands d'un mauvais. Voilà ce que le sens pratique semble indiquer.

M. Bonnet, ancien président du comice agricole d'Apt, ne pense pas que les aptitudes puissent se transmettre par des semis. Suivant lui, ces aptitudes sont modifiées par le climat et surtout par le sol, dont l'influence est décisive. Il prétend que, par le seul fait de la transplantation, il a pu rendre truffiers des chênes qui ne l'étaient point. M. le docteur Blanchard, dans son rapport sur les truffières de M. Rousseau, sans se prononcer pour ou contre l'hérédité, pense qu'on est plus certain du succès en semant des glands de chênes très-féconds.

M. Loubet, président du comice de Carpentras, se prononce pour la transmission héréditaire. Il en est de même de M. l'abbé Charvat. Cet écrivain cite un trufficulteur de la Drôme qui, tout en croyant à l'hérédité, estime à 10 ou 15 p. 100 les mauvais glands recueillis sur un chêne bon truffier. Cette opinion peut être vraie en principe; mais il est difficile de vérifier cette proportion. Toutefois, on peut, suivant les conclusions du docteur Blanchard, dire qu'il est préférable de semer les glands d'un chêne fécond que ceux d'un chêne stérile.

D'ailleurs, l'expérience démontre que si les aptitudes sont moins constantes dans le règne végétal que dans le règne animal, il faut cependant en tenir compte. Chez les plantes, les qualités acquises par la sélection et au moyen d'une culture intelligente peuvent se transmettre lorsqu'on maintient les semences dans les mêmes conditions. Si, au contraire, ces semences sont jetées sur une terre mal tenue ou transportées sous un climat différent, la dégénérescence ne se fera point attendre.

De tout cela il faut conclure que les facultés acquises par un végétal peuvent très-bien se transmettre à sa descendance, à la condition de lui continuer les mêmes soins et de la maintenir dans le même milieu; mais elles doivent très-rapidement se perdre, lorsque ces deux éléments viennent à lui manquer.

Peut-on, en plaçant sur un chêne non truffier la greffe d'un chêne truffier, le rendre productif? M. Ravel se prononce pour la négative.

La raison de douter pourrait venir de ce que les truffes ne sont point produites par les branches, mais bien par

8

les racines. A ce point de vue, on comprend l'hésitation de M. Ravel. Mais c'est là une question fort obscure, qui n'a pas beaucoup d'utilité pratique et qui ne peut intéresser que les naturalistes. Nous appelons donc toutes leurs méditations sur ce problème encore complètement à étudier.

Peut-on, à la simple inspection, reconnaître un chêne truffier? Toutes les personnes qui ont écrit sur la truffe s'accordent à reconnaître que cela est impossible. Seulement, dans la pratique, on s'assure des qualités du chêne par l'étude des terrains qui l'environnent. Lorsque ce terrain est complètement stérile, on peut en conclure que le chêne est bon producteur; mais il faut au contraire le considérer comme mauvais producteur lorsque le sol est couvert de végétation. M. Ravel prétend que si l'on cultivait le pourtour d'un chêne truffier, rien n'y pousserait. Cette observation n'est point nouvelle. Pline déclarait déjà que la truffe ne pouvait venir que sous des arbres dont le sol était brûlé par la foudre. L'aridité est en effet ce qui caractérise le terrain truffier; voilà pourquoi les éclaircies sont nécessaires pour maintenir la production. Mais en dehors de ces signes, il n'est point possible de discerner les véritables aptitudes du chêne.

Existe-t-il des corrélations entre la truffe, la noix de galle et les glands? En d'autres termes, peut-on de l'abondance des glands ou des noix de galle induire l'abondance de la truffe? M. Ravel soutient que les années de glands sont aussi des années de truffes; il cite à l'appui de son opinion les deux années 1837 et 1854, qui furent très-abondantes à Montagnac pour les deux sortes de produits ; mais M. Rousseau ne partage point cet avis. Suivant lui, les glands épuisent l'arbre et nuisent à la récolte du tubercule. Il cite plusieurs observations faites en ce sens à Puits-du-Plant. Nous nous rangerions très-volontiers à l'opinion de M. Rousseau.

Quant aux noix de galle, elles sont en raison inverse des truffes. M. Ravel prétend que l'insecte de la galle ne naît en grand nombre qu'à la suite d'une sécheresse, tandis que les pluies seraient favorables à l'insecte de la truffe. La galle, ajoute-t-il, est un signe de maladie chez l'arbre ; la truffe et le gland sont un signe de vigueur. Cette argumentation ne nous paraît point décisive. De même qu'on ne peut pas tirer du même sac deux moutures, de même la sève dépensée à la formation des glands ne peut pas servir à la formation de la truffe ; l'abondance d'un de ces produits doit forcément nuire à l'autre. En ce qui concerne la noix de galle aérienne, que M. Ravel considère comme épuisant l'arbre au détriment de la noix de galle souterraine, la question n'intéresse pas Vaucluse, car les chênes verts ne donnent que peu ou point de galle. Restent les autres départements où le chêne à feuilles marcescentes domine. Nous ignorons si les trufficulteurs de ces départements ont fait des observations qui rappellent celles de M. Ravel.

Telles sont les essences sur les racines desquelles se forme la truffe. A l'exception des chênes verts, toutes donnent de hautes futaies, et peuvent avec avantage concourir au reboisement. Lorsque, dans une opération de cette nature, aux simples plantations on peut ajouter une industrie aussi lucrative que la production de la truffe, comprend-on qu'il y ait dans le Midi de si vastes étendues de terres incultes, qui ne sont point encore couvertes de chênes? Il faut que l'indifférence et l'apathie soient bien grandes parmi les populations. Les plus mauvais terrains, ceux qui sont sans valeur et qui ne donnent aucun revenu, pourraient presque sans frais redevenir productifs et rapporter au minimum 500 fr. par hectare. D'un autre côté, les plantations, par l'influence qu'elles exerceraient sur l'atmosphère, préviendraient en partie les orages si funestes à l'agriculture méridionale, adouciraient le climat, et donneraient aux saisons un cours plus régulier. Cette double perspective n'est-elle pas bien faite pour émouvoir des cultivateurs routiniers et les entraîner malgré eux dans les voies fécondes du progrès?

CHAPITRE X

Les semis et les plantations de chênes.

Les quercinées sont les essences les plus favorables à la truffe ; aussi est-ce seulement d'elles que nous allons nous occuper. D'ailleurs, le chêne donne des produits nombreux qui sont recherchés par l'industrie et pour les usages domestiques. Outre la truffe, ces produits sont : le gland, qui sert à la nourriture du porc et lui donne d'excellente viande ; la noix de galle, que l'on emploie dans la teinture ; les écorces, propres à la tannerie ; les gros bois, qui servent à la tonnellerie et au charronnage ; enfin les menus bois, qui servent à faire du charbon ou à brûler au foyer. Voilà, certes, une essence très-précieuse pour le reboisement, et que ses nombreux produits doivent faire rechercher.

Le chêne préfère un sol sec composé de silice, d'argile, de calcaire et de fer. Comme sous-sol, il s'accommode très-bien de cailloux et de rochers, dans les interstices desquels il projette ses racines. La plus mince couche végétale lui suffit, mais il faut qu'elle présente une certaine inclinaison, afin que les eaux s'y égouttent très-facilement. Le chêne n'aime pas l'humidité ; il s'y trouve mal à l'aise et ne s'y développe que lentement. Son bois est alors poreux et moins dur que lorsqu'il se trouve dans des terrains plus secs.

La truffe, comme nous l'avons déjà exprimé, se forme sur les racines du chêne. Elle n'en est en quelque sorte qu'une émanation ; elle doit par conséquent se plaire dans le même milieu. Nous avons déjà traité cette question en nous occupant des circonstances favorables à ce genre de culture. Nous n'avons donc pas à y revenir. Contentons-nous de rappeler ici qu'il faut à la truffe parfumée un climat sec et chaud. Rarement la sécheresse lui est préjudiciable, tandis que l'humidité lui cause presque toujours du dommage. Quant à la gelée, elle la supporte très-facilement et n'en est atteinte que lorsqu'elle se détache de la racine du chêne.

Le premier soin du praticien qui veut établir une truffière consiste dans le choix scrupuleux des glands. D'abord il faut les cueillir sur un chêne ni trop jeune, ni trop âgé ; ensuite, il faut attendre une bonne année. M. l'abbé Charvat s'occupe de ce choix : « On prend, dit-il, les glands les plus mûrs, les plus gros, les plus réguliers de forme ; on rejette les petits ou ceux qui ne sont pas mûrs. Le bon gland est plein, dur, massif; on le distingue aisément à l'œil et à la main. Il ne faut point l'abattre à coups de gaule, ni attendre qu'il tombe de lui-même. Il faut, en un mot, le cueillir en temps opportun. »

Il paraît que dans le comtat Venaissin, depuis quelques années, les bons glands sont assez rares. C'est un fait que de nombreux praticiens s'accordent à reconnaître. Nous citerons entre autres M. Rey, maire de Saumane, qui a fait beaucoup de plantations pour son propre compte et pour celui de sa commune. Nous l'avons souvent entendu se plaindre des difficultés qu'il éprouvait à se procurer de la bonne semence. Dans les Basses-Alpes, M. Ravel se plaint, lui aussi, que les récoltes de glands soient si peu convenables à faire des semis. M. le vicomte de Causans, qui fit une plantation de chênes en 1832, affirme que les glands mûrs à la Saint-Michel seraient les seuls propres à donner de la truffe. Mais c'est là une opinion avancée un peu à la légère et qui aurait besoin d'être vérifiée par l'observation; aussi, nous n'y attachons aucune importance.

M. l'abbé Charvat s'est beaucoup occupé de la conservation des glands; mais nous ne pouvons découvrir le côté pratique de ses études. Comme on ne fait pas des semis ou des plantations toutes les années, on doit mettre à profit les bonnes récoltes. Nous ne comprenons pas que l'on conserve indéfiniment des semences que l'on peut facilement renouveler, et qui sont susceptibles de perdre leurs propriétés germinatives. Donc, ce qu'il y a de mieux à faire, c'est d'employer les glands aussitôt qu'on les a récoltés.

Pour hâter leur germination, qui serait fort longue, on a recours à un expédient : on les dépose par couches alternatives avec du terreau, et on les arrose fréquemment. L'humidité fait développer le germe, et aussitôt qu'il commence à sortir de sa gaîne, sans que l'enveloppe en soit rompue, on procède à l'ensemencement. Ce moyen s'appelle stratification ; il est très-employé par les jardiniers, lorsqu'il s'agit de graines qui mettent longtemps à lever ; son emploi permet de marcher plus vite.

Pendant que les glands sont en train de se stratifier, il faut préparer le terrain. Cette préparation doit être subordonnée à la nature du sol, à sa valeur agronomique et aux espaces qui sont à reboiser. Lorsqu'on opère sur des milliers d'hectares, comme le fait la commune de Bédouin sur le mont Ventoux, on peut se contenter de trois raies de charrue par chaque ligne. C'est dans la raie du milieu qu'on dépose le gland. Ce système est très-économique. Pour ensemencer un hectare, la dépense n'est que d'environ 50 fr. Il est vrai que l'on ne laboure pas les entre-lignes et que l'on abandonne les semis à eux-mêmes aussitôt qu'ils sont exécutés. Ce mode, nous le répétons, est très-économique, mais il retarde beaucoup le moment où les chênes seront productifs. Il convient aux vastes étendues et aux plus mauvaises terres, pour le reboisement desquelles on ne peut faire que peu de frais ; mais il ne comporte pas les cultures intercalaires, telles que la vigne, le sainfoin, etc.

Lorsqu'on opère sur une moins grande échelle et que l'on veut avoir des truffières bien tenues, on procède autrement : on défonce d'abord le sol à une profondeur de 40 à 50 centimètres. On herse, afin d'extirper toutes les mauvaises herbes; on nivelle pour avoir des pentes régulières. S'il y a des endroits bas, on les comble, ou bien on y ouvre des rigoles d'assèchement. Ces travaux faits, on trace les lignes que doivent occuper les chênes, et dans les allées qui les sépareront on marquera la place où les lignes devront être plantées, en supposant que cette culture soit possible. On arrive ensuite au semis ou au repiquement, selon que l'on adopte l'une ou l'autre de ces méthodes. Mais occupons-nous d'abord des semis sur place.

A quelle époque faut-il les exécuter? L'époque doit varier suivant les climats et la nature du sol. Dans les pays chauds et sujets à la sécheresse, on opèrera dans l'arrière-saison. Au contraire, dans les pays où le soleil est moins brûlant et les étés un peu plus humides, on pourra renvoyer les travaux au printemps. Les semis peuvent alors, avant les chaleurs, développer leurs racines, ce qui leur permettra de mieux se défendre.

Mais lorsqu'on se trouve sous un ciel trop sec, exposé trop longtemps à la canicule, il faut semer dès le mois de novembre.

Entre les deux méthodes de boisement, le semis et la plantation, quelle est la préférable? Avant de se prononcer, il faut en appeler à l'expérience. Tout doit dans cette question dépendre des circonstances locales et du succès que des essais faits avec soin auront obtenu. Les pays situés sur le versant des Alpes paraissent plus favorables aux semis. Dans l'Ouest, ce sont les plantations qui sem-

blent le mieux réussir. Toutefois, chacune de ces contrées
ne se borne plus aujourd'hui à la seule méthode qu'elle
employa d'abord. Elle les applique toutes deux simulta-
nément. Chacune d'elles, en effet, offre ses avantages
et ses inconvénients. Les semis en haie ou très-drus occupent la majeure partie du sol et doivent, par conséquent, donner plus rapidement des produits et en plus
grande abondance; mais ils ont souvent besoin d'élagages et d'éclaircies, ce qui, dans de certaines limites,
peut nuire aux récoltes, et d'ailleurs nécessite beaucoup
de main-d'œuvre. Les plantations, lorsqu'elles sont faites
à une grande distance, n'occupent qu'une faible partie
du sol. Dès le début, elles n'utilisent que très-faiblement
les forces de la nature qu'elles laissent se perdre improductives; mais après quelques années d'attente, lorsque
les chênes ont grandi, ils commencent à donner de la
truffe et en assez grande quantité. Tout le temps qu'il a
fallu les attendre, ils n'ont pas eu besoin d'éclaircies; et
s'il a fallu leur faire subir des élagages, ç'a été seulement
pour relever leur tige et pour empêcher la sève de s'égarer.

Dans l'un et l'autre système, le moyen d'utiliser complètement le sol pendant la croissance des chênes, c'est
d'y installer des cultures temporaires, qui devront disparaître lorsque ces derniers auront suffisamment grandi.

Nous avons déjà exprimé que les semis convenaient
plus particulièrement aux versants des Alpes, et les plantations aux provinces de l'Ouest. Ce n'est point à dire
pour cela que dans ces deux régions les cultivateurs soient

exclusifs. Dans Vaucluse, M. Rousseau, après avoir pratiqué les semis, a essayé des plantations. Il y a d'abord employé des chênes de trois ans, auxquels il laissait toutes les branches. Cet essai n'eut pas de succès; mais il ne se tint pas pour battu. Il recommença l'expérience et la fit avec des chênes de cinq ans qu'il recépa rez-terre. Cette nouvelle méthode lui réussit complètement; depuis lors, il l'a appliquée sur plusieurs hectares qui donnent les plus belles espérances. Son exemple commence à être imité par ses voisins. Dans la Dordogne et dans les départements limitrophes, on préfère les plantations. Néanmoins, on fait également des semis sur place, et on s'en trouve généralement bien. Avec cette méthode, les trufficulteurs ne doivent avoir d'autre guide que les résultats pratiques. Il n'y a rien d'absolu en fait d'agriculture.

Relativement aux distances où l'on doit tenir les semis et les plantations, on ne peut déterminer aucune règle fixe. Tout dépend du caprice des praticiens et des idées plus ou moins justes qui les font mouvoir. Dès le début, on ne laissa entre les lignes de semis que 3 à 4 mètres, et on répandit de quatre à cinq glands par mètre courant. C'était là l'espacement que M. Rousseau donna à ses premiers essais. Plus tard, lorsqu'il songea à cultiver de la vigne dans ses allées, il porta leur largeur à 6 mètres, et éclaircit ses chênes à 1^m 50, puis à 8 mètres. Enfin, depuis qu'il fait des plantations à la place des semis, ses lignes sont espacées à 10 mètres et ses arbres à 3 mètres. Il est à observer que dans Vaucluse, la plupart des truffières artificielles, et surtout celles qui datent de vingt années, sont toutes établies en ligne, de manière à ce qu'on puisse les cultiver à la charrue.

Dans la Dordogne, où les plantations dominent, elles sont faites au hasard ; la distance entre les arbres n'est point régulière ; ils ne sont point disposés en lignes, et on n'y rencontre aucune allée. C'est du moins là ce que nous avons vu à Sorges et dans les environs, pays de la Dordogne où il existe le plus de truffières faites de main d'homme. Ce système ne vaut évidemment pas celui adopté dans Vaucluse. D'abord, les arbres y forment très-vite des massifs serrés, ce qui nuit à la production du tubercule. Ensuite, les façons que l'on donne au sol sont faites à la main, ce qui est toujours plus coûteux qu'à la charrue. Il est vrai qu'à Sorges la main-d'œuvre n'est pas chère ; mais s'il survenait une hausse, on en serait réduit à imiter l'exemple de Vaucluse.

La vigne, partout où elle peut réussir, devra être plantée entre les lignes de chênes ; c'est là un moyen certain de réduire les frais de reboisement et de hâter l'achèvement de cette grande opération dans tout le Midi.

Nous n'avons point à dire ici comment on doit procéder à la création d'une vigne : les méthodes sont trop connues. Comme son existence doit être limitée à quinze ou dix-sept ans, il ne sera point nécessaire de défoncer profondément le sol. Après avoir donné un fort labour dont les chênes profiteront, on plantera soit au piquet, soit avec la charrue. La crossette sera mise au fond d'une

raie et recouverte au retour. Il faudra espacer les lignes
de manière à ce que les façons puissent être données à
l'araire. Les ceps seront conduits suivant les méthodes
locales. Néanmoins, on pourra, durant les deux ou trois
années qui précéderont l'arrachage, les tailler plus longs,
afin d'en tirer le plus de raisins possible.

Lorsque la couche végétale ne sera plus assez profonde
pour recevoir de la vigne, on pourra lui substituer le
sainfoin, qui s'accommode des plus mauvaises terres. Les
faibles coupes que l'on y prendra paieront toujours la
main-d'œuvre. Les secondes herbes pourront être en-
fouies en vert. Ce sera là un moyen d'améliorer la couche
végétale et de hâter le développement des chênes.

L'idée d'intercaler la vigne dans les truffières appartient
à M. Rousseau. Elle tend à se vulgariser dans Vaucluse.
Mais, dans la Dordogne, la majeure partie des plantations
se fait sur de vieilles vignes épuisées. Dès le début, les
chênes ne sont en quelque sorte que l'accessoire, car on
continue à cultiver les souches et à jouir de leurs récoltes. Mais aussitôt que les chênes ont grandi, les ceps
disparaissent, et le sol reste tout entier aux plantations.
C'est alors que la truffière commence à donner des produits. En résumé, les deux centres producteurs arrivent
au même but, en employant le même moyen, mais par
des voies différentes.

Dans le Comtat, à côté des semis de glands, on introduit des ceps que l'on arrache quinze ou dix-sept ans
après, lorsqu'ils commencent à nuire aux plantations.

9

Dans le Périgord, les chênes ne sont d'abord que les associés de la vigne, à qui l'on continue les soins ordinaires ; mais on la supprime aussitôt que les arbres sont en plein rapport. De cette alliance, il résulte que la culture qui semblait uniquement destinée à la vigne profite peut-être plus encore aux chênes ; elle devance le moment de la production des tubercules, et la rend plus abondante. Ces faits, une fois établis par l'expérience, ont conduit à la culture raisonnée de la truffière. Aujourd'hui, tous les propriétaires intelligents labourent ou piochent leurs bois de chêne.

Lorsqu'au lieu de procéder par semis, on adopte les plantations, tous les soins relatifs au choix des glands, à la stratification, à la préparation du sol, restent les mêmes ; mais pour se procurer de jeunes plants, il faut établir des pépinières. Rien n'est plus facile : on choisit un terrain de bonne nature ; on le défonce profondément, et on ne lui ménage pas les coups de herse ; ces travaux assurent la prompte levée des glands. Les sujets qui en naissent se trouvent parfaitement enracinés ; leur reprise est certaine, et l'on peut d'avance compter sur une croissance rapide.

M. Ravel estime que les glands doivent être semés à 6 centimètres de distance l'un de l'autre et que les vignes doivent être espacées de 80 centimètres ; c'est un exemple que nous citons. On pourra toujours, suivant les circonstances, modifier cet espacement ; la règle, c'est qu'il faut semer très-dru, afin que les manquants ne laissent pas de vides ; si les lignes sont trop serrées, on pourra toujours leur donner de l'air par des éclaircies.

Les pépinières sont encore rares dans tous les centres truffiers où les semis ont eu jusqu'ici la préférence, comme les départements de Vaucluse, de la Drôme, des Basses-Alpes, du Var, etc.; mais elles dominent du côté de l'Ouest, dans la Dordogne, le Lot, la Vienne, etc.

Les plantations se font avec beaucoup de régularité sur la rive gauche du Rhône. On les oriente généralement de l'est à l'ouest. On les dispose en lignes que séparent des allées plus ou moins larges, c'est-à-dire de 3 à 10 mètres. Entre les chênes, l'espace est de 3 mètres. En dehors de cette règle, chacun peut disposer ses lignes et espacer ses arbres comme il l'entend. Les allées facilitent les travaux de culture et permettent de les donner à la charrue.

Dans la région occidentale, nous l'avons déjà dit, les plantations sont faites au hasard, sans lignes régulières, sans que les distances d'un sujet à l'autre se trouvent égales; c'est une véritable confusion que rien ne saurait justifier. Aussi, de très-bonne heure, ces bois forment-ils des massifs impénétrables d'où la truffe disparaît; nous ferons voir bientôt comment on pourrait les restaurer.

L'âge de la transplantation varie suivant que les étés sont plus ou moins chauds et secs; dans Vaucluse, où la sécheresse dure cinq mois de l'année, il faut des plants plus gros, plus enracinés que dans la Dordogne, dont le climat est moins chaud, où il pleut plus souvent; la différence d'âge est de trois à six ans. Nous avons déjà dit que des chênes de trois ans n'avaient point repris chez

M. Rousseau, tandis qu'avec des chênes de cinq à six ans la réussite avait été complète. A Sorges, dans la Dordogne, M. le marquis de Mallet emploie des sujets de trois ans, et il y en a très-peu qui manquent à l'appel ; le Lot et la Vienne suivent les mêmes errements. C'est au mois de novembre que se font d'habitude les plantations. Sous un climat tempéré, on peut les renvoyer au printemps. On ouvre un trou de 50 à 60 centimètres de profondeur, et on y installe le jeune chêne avec toutes ses racines ; dans Vaucluse, on le recèpe rez-terre ; dans la Dordogne, on le laisse avec toutes ses branches.

Reste maintenant à nous demander ce que coûte le semis ou la plantation d'un hectare de chênes.

Les premiers semis qui furent faits à Puits-du-Plant coûtèrent 148 fr., dont nous avons établi le détail au chapitre IV.

Ce total comprend les trois façons qui furent données aux semis de la première année.

Mais ce prix de revient ne doit pas servir de base pour fixer la dépense d'un hectare de semis dans Vaucluse. D'abord, les garrigues ne valent pas 2,000 fr., chiffre auquel M. Rousseau compte sa terre de Puits-du-Plant. Il ne faut pas les porter à plus de 500 fr. par hectare, ou 25 fr. de loyer, en comptant l'intérêt à 5 p. 100. Ensuite, l'achat des glands, leur ensemencement avec trois raies de charrue ne sont estimés qu'à 50 fr. sur le mont Ventoux. Or, ces reboisements, dont les lignes sont espacées de 3 mètres, ne nécessitent plus aucune dépense de culture, si ce n'est les recépages à quatre ans. Dans ces conditions, un hectare ne coûte donc que 60 fr., plus l'intérêt de la terre, soit 75 fr.; c'est moitié moins de dépense que chez M. Rousseau. Le chiffre de 75 fr. peut donc être considéré comme le plus bas prix que doit coûter un hectare de reboisement par le chêne dans Vaucluse.

Le plus haut chiffre, c'est 328 fr. que les plantations à 10 mètres de distance, avec trois rangs de vignes au milieu, ont coûtées à M. Rousseau. Nous ne croyons pas que ce prix doive être dépassé. D'où il résulterait que dans Vaucluse, le reboisement d'un hectare peut, suivant la valeur des terrains et la nature des travaux exécutés, varier de 75 à 328 fr. Ce dernier prix de revient est beaucoup trop élevé et ne peut convenir qu'à des truffières exceptionnelles comme celles de Puits-du-Plant.

Dans la Dordogne, les plantations s'opèrent avec plus d'économie. On calcule qu'un hectare de vieille vigne épuisée vaut aujourd'hui 300 fr., et ne valait que 150 fr. il y a dix ans; portons 15 fr. pour l'intérêt de cette somme. Les plants de trois ans nécessaires pour couvrir un hectare coûtent 25 fr.; la main-d'œuvre est faite par un métayer à qui on abandonne la récolte de la vigne jusqu'à ce que les chênes occupent seuls le terrain; le métayer taille la vigne, lui donne une façon à la main, dont les arbres profitent les premiers. La dépense n'est donc pour le propriétaire que de 40 fr. par hectare, ce qui est insignifiant; il est vrai que pendant huit à dix ans il est privé de tout revenu; mais à la fin de cette période, la mauvaise vigne, qui au début valait à peine 300 fr., en vaut alors 1,500. Le propriétaire, on le voit, n'a point fait une mauvaise opération.

Lorsqu'au lieu de planter une vieille vigne il s'agit d'une terre dénudée, la dépense coûte 108 fr., qui se décomposent de la manière suivante :

Intérêt du capital foncier et impôt................	18 fr.
Achat des plants.............................	25
Frais de plantation..........................	30
Une façon à la pioche........................	35
Total égal................	108 fr.

Ces chiffres sont peu élevés. Ils ne doivent point empêcher le reboisement, si l'on songe à la plus-value que les terrains dénudés acquièrent par les plantations, et aux profits que les truffières doivent donner dès qu'elles auront atteint leur dixième année. Tous ces calculs approchent le plus possible de la vérité ; lorsqu'ils seront connus dans nos contrées méridionales, et que chacun aura pu s'en rendre compte, nous espérons que bientôt il n'existera plus de terres incultes.

CHAPITRE XI

Culture des truffières.

Les bois de chênes une fois établis, il importe de leur donner tous les soins propres à faciliter leur croissance et à les rendre plus précoces, plus féconds, afin d'en obtenir la plus grande somme de produis. Ces résultats, on les atteint en appelant l'art au secours de la nature. Dans les conditions habituelles, les truffières sont laissées à l'abandon ; nulle règle ne préside à la distribution des arbres sur le sol. Ces arbres eux-mêmes poussent au hasard, tantôt en massifs impénétrables, tantôt trop éloignés les uns des autres. La terre est couverte de broussailles et de plantes parasites qui l'épuisent, au grand dommage de la production truffière. De là l'insuffisance des récoltes, lorsqu'elles pourraient être considérables. Pour utiliser toutes ces forces perdues, il faut soumettre cette branche de l'économie rurale à une culture rationnelle, comme déjà s'y trouvent assujetties les céréales, les prairies, toutes les plantes économiques. Les labours, les hersages, les sarclages sont les premiers moyens qui s'offrent aux propriétaires pour obtenir de bonnes récoltes. Nous allons d'abord nous occuper de ces moyens; nous traiterons ensuite de la conduite des bois de chênes plantés uniquement en vue d'en retirer de la truffe.

Il serait superflu d'exposer ici la théorie des labours et des façons que tous les peuples cultivateurs donnent à leurs terres, pour les rendre plus fécondes et en retirer les plus gros produits. Rappelons seulement que ces façons, en nettoyant la couche végétale et en la tenant toujours bien ameublie, lui facilitent l'absorption de la pluie, de la rosée et de tous les gaz qui la fertilisent. Les racines et surtout les radicelles se multiplient davantage dans une couche de terre bien façonnée, bien perméable, que dans une couche encore vierge de la charrue; elles y trouvent aussi une plus ample nourriture. Ces simples notions suffisent pour bien faire comprendre de quelle utilité les labours et les sarclages doivent être pour les truffières. L'expérience démontre en effet que les tubercules sont beaucoup plus gros, beaucoup plus abondants, sur la lisière des terres labourables ou au pied des chênes plantés dans des vignes que l'on n'a point cessé de cultiver. Au mois de février 1861, M. Rousseau exposa sur le marché de Carpentras vingt truffes qui pesaient ensemble six kilogrammes. Elles avaient été extraites à Puits-du-Plant; d'un autre côté, M. Bedel, inspecteur des forêts, dans son rapport sur ces mêmes truffières, constate que les plantations du mont Ventoux, abandonnées à elles-mêmes, ont un rendement beaucoup plus faible que celui des plantations cultivées avec soin. L'art secourant la nature lui donne des forces qu'elle ne possède point lorsqu'elle est livrée à ses propres ressources.

A ces deux avantages, les façons en ajoutent un troisième : c'est qu'elles devancent le moment de la production. Entre les truffières du mont Ventoux et celles de M. Rousseau, il n'y a pas seulement des différences très-sensibles dans la grosseur des tubercules et le nombre récolté; il y en a encore une tout aussi grande relative à l'époque où les truffes commencent à se montrer. Les plantations cultivées devancent celles qui ne le sont pas d'au moins trois à quatre ans. C'est là un fait que constate encore M. Bedel, et que personne ne songe à discuter.

Les labours occupent la première place dans la culture des truffières. C'est pourquoi il s'agit de bien s'entendre sur la manière dont ils doivent être donnés. D'abord, on en distingue deux sortes, qui sont les labours profonds et les labours superficiels. Les premiers conviennent aux plantes industrielles comme la garance, la betterave, le colza, etc. Ces plantes n'occupent que très-peu de temps le sol, puis elles disparaissent et cèdent la place à d'autres. Lorsqu'il s'agit de cultures permanentes telles que la vigne, les arbres à fruits, les truffières, les labours superficiels doivent seuls être employés. Si vous remuez profondément la couche végétale d'une vigne, vous faites périr toutes les radicelles qui affleurent à la surface, et vous n'aurez que peu ou point de raisins. Il faut en dire autant de toutes les cultures arborescentes.

9.

Les chênes destinés à produire de la truffe appartiennent à la même catégorie. Comme les tubercules se forment seulement sur les radicelles, si, par un labour trop profond, vous venez à les détruire, avec elles disparaîtra également la récolte. Ce fait n'est point encore parfaitement connu de tous les praticiens. Lors de la conférence qu'au mois de février 1868 nous fîmes à Sarlat, nous recommandions les labours comme un moyen certain d'accroître la fécondité des truffières. Un de nos auditeurs se leva et nous fit observer que lui-même avait devancé nos conseils et que son premier essai n'avait été qu'une déception. Deux années s'écoulèrent avant qu'il découvrit une truffe au pied des chênes ainsi traités. Répondant à son observation, nous lui demandâmes avec quel instrument il avait donné son labour, et à quelle profondeur il était descendu. — C'est à la pioche, nous dit-il, et à 35 centimètres. — Il n'en fallait pas davantage, en effet, répliquâmes-nous, pour mettre vos chênes en désarroi. Vous avez fait périr toutes les radicelles, qui seules se mettent à fruit. Un labour de 3 à 4 centimètres vous eût mieux réussi; il n'aurait point touché aux radicelles, et leur rendant plus facile l'absorption des gaz qui séjournent à la surface, il leur aurait permis de se couvrir de tubercules.

Toute la théorie des labours est là. Si l'on veut les rendre favorables, il ne faut point qu'ils dépassent les proportions d'un écroûtage; M. Bonnet insiste sur ce point. Exécutés de toute autre manière, ils ne peuvent que nuire. Les praticiens qui veulent restaurer leurs vieilles truffières ne devront jamais perdre de vue ces préceptes.

Reste maintenant à examiner une seconde question. Les labours superficiels doivent-ils s'étendre à toute la truffière ou bien ne comprendre que les chênes en plein rapport ? Il vaut certainement mieux labourer la truffière d'un bout à l'autre ; la raison en est que les façons détruisent les broussailles et les mauvaises herbes qui tendent à s'emparer du sol ; débarrasser la surface de toutes les végétations parasites, c'est faciliter aux radicelles le travail qui précède le moment de la production, sujet que nous allons traiter en nous occupant des sarclages. Mais ce n'est pas tout : les labours profitent aux chênes dont ils favorisent la croissance ; ils devancent l'époque de la fécondité, comme chez les animaux une bonne nourriture conduit plus vite à l'âge viril. Le labour des truffières est donc à vulgariser ; il mérite d'autant plus qu'on le recommande qu'il coûte très-peu en espèces, et qu'il rapporte beaucoup en nature.

La distinction que nous venons d'établir entre les labours partiels et les labours complets a sa valeur pratique. Depuis longtemps déjà, les chercheurs de truffes ont l'habitude de niveler les fouilles faites par les truies ; c'est là le point de départ de la réforme que nous préconisons. M. Bonnet la considère comme déjà ancienne dans les environs d'Apt ; suivant cet écrivain, les *rabassaires* de cette localité feraient ce travail très-régulièrement. Mais M. Bonnet ne nous semble pas très-explicite sur ce point, car il ne nous dit pas si Jean Talon se bornait à niveler les fouilles à la main, ou bien s'il labourait toutes ses truffières à la charrue; quant à nous, il résulte des documents que nous avons sous les yeux que le labour complet date à peine de vingt ans. M. Rousseau, un des premiers, l'employa en 1848, au début de son entreprise. A Seaumane, c'est vers 1856 que M. Rey l'introduisit pour régénérer ses vieilles truffières. Avant cette époque, il se bornait à combler les fouilles avec la pioche. On cite encore dans Vaucluse M. Frizet (de Pernes), qui suit la nouvelle méthode et s'en trouve fort bien. Cette pratique est si avantageuse que, dans Vaucluse, partout où il existe des plantations de chênes, on les cultive à la charrue.

Dans les Basses-Alpes, les fermiers des truffières exigent que leurs bailleurs les labourent tous les deux ans. Cette clause, qui bientôt sera générale dans le pays, augmentera beaucoup la production et propagera le reboisement dans les pays qui en ont le plus besoin.

La Dordogne n'est point encore aussi avancée que Vaucluse et les Basses-Alpes. Cela tient à la manière confuse dont elle dispose les plantations. Le labour se donne à la pioche et non à la charrue. Cette dernière ne pourra prévaloir que le jour où les chênes seront disposés avec plus de symétrie.

Dans la Vienne, arrondissement de Loudun, les façons ont toujours lieu à l'araire.

Combien donne-t-on de cultures aux truffières dans

Vaucluse ? M. Rousseau fait un labour en avril, et en juin deux sarclages à la houe. Ces deux sarclages sont probablement nécessaires, parce que Puits-du-Plant est exposé aux infiltrations du canal de la Durance. On le sait, l'humidité engendre les mauvaises herbes. Les autres praticiens, qui pâtissent plutôt de la sécheresse, se contentent d'une façon en avril. M. Rey la renvoie au mois de mai, avant que les arbres montent en sève. Dans la Dordogne, partout où les truffières reçoivent une façon, c'est vers la fin d'avril qu'elle se donne ; il en est de même dans la Vienne. Cette coïncidence entre personnes qui certainement ne se sont pas consultées avant d'agir est singulière. Si le moment choisi est véritablement le plus propice pour exécuter cette opération, il faut avouer que la routine du paysan a quelquefois sa raison d'être.

M. Tulasne ne peut pas s'expliquer pourquoi les cultivateurs soigneux fouillent superficiellement leurs truffières au printemps et en été. Toutefois, il suppose que c'est pour ne pas nuire à leur *végétation*. M. Tulasne prend ici l'effet pour la cause. Les fouilles au printemps ne peuvent nuire à la truffe noire, qui n'est point encore formée à cette époque ; mais elles détruisent les radicelles des chênes, qui sont le siége de la production. M. Tulasne espérerait-il trouver des noix de galle sur les quercinées, s'il leur enlevait toutes les brindilles qui leur servent d'attaches ? Mais ce naturaliste pense avec l'Académie des sciences que la truffe ne pousse jamais sur des racines. De là l'étonnement qu'il manifeste en voyant les praticiens s'arrêter à la superficie du sol lorsqu'ils comblent les fouilles aux pieds des chênes. M. Tulasne croirait volontiers que cette réserve n'a qu'un but : ménager les *mycélium* qui étendent leurs innombrables tissus à quelques millimètres de la surface. Voilà pourtant jusqu'où peut conduire la passion des palmes académiques ! Cette toquade peut faire voir bien des choses de travers, surtout lorsque les faits pratiques ne s'accordent point avec les théories de la science officielle.

Si l'été est sec, et qu'il ne pleuve pas en juillet et en août, l'unique labour du mois de mai ne peut plus suffire. Le sol se trouvant beaucoup trop dur n'est plus accessible aux influences de la rosée ni des gaz fertilisants qui le rendaient perméable. M. Ravel conseille alors de rompre la croûte superficielle au moyen d'une herse à dents arrondies. Cette façon peu coûteuse ne peut qu'être utile ; elle facilitera le travail des mouches, qui deviendrait impossible sans cet expédient. Nous partageons l'avis de M. Ravel : nous ne saurions trop recommander aux praticiens de herser leurs truffières lorsqu'il ne pleuvra pas au mois de juillet et au mois d'août. Il serait même opportun d'y revenir deux ou trois fois ; on contre-balancerait ainsi, jusqu'à un certain point, la mauvaise influence de la sécheresse.

Les sarclages que M. Rousseau exécute à Puits-du-Plant au mois de juin ne nous semblent pas devoir être d'un emploi aussi général que les hersages. Ils conviendront surtout aux terrains infestés de mauvaises herbes, qu'il faudra nettoyer avant que les radicelles se mettent à fruit. Nous avons déjà parlé de ce travail mystérieux qui précède d'une ou de deux années l'époque de la production. Les radicelles se multiplient alors avec exubérance, et leur action dévorante fait périr toutes les plantes parasites qui se trouvent à la surface. Cette préparation, on le conçoit, peut être rendue plus facile, plus rapide, au moyen des sarclages répétés. On les exécute avec une houe à cheval qui expédie rapidement la besogne. Considérée à ce point de vue seul, cette façon serait déjà très-avantageuse. Elle offrira également de l'utilité dans les années pluvieuses, car elle permettra de nettoyer plus facilement le sol que s'il fallait opérer à la main.

Telles sont les cultures que réclament les truffières, si on les veut très-productives. Lorsqu'elles seront données en temps opportun, avec des instruments appropriés, ces cultures n'augmenteront pas beaucoup les frais généraux d'exploitation. Dans la Dordogne, la façon donnée à la pioche au mois d'avril ne coûte que 35 fr. par hectare. Nous ne connaissons pas ce qu'il faut dépenser dans la Vienne; mais nous savons que dans Vaucluse, M. Rousseau paie son labour d'avril 26 fr. et les deux sarclages du mois de juin 13 fr.; ces chiffres sont très-réduits, et il faudrait qu'une truffière fût bien ingrate si elle ne remboursait pas au décuple les frais de culture qu'elle exige.

D'autres soins plus minutieux encore appellent l'attention du praticien. Nous avons déjà fait observer qu'il faut à la truffe un sol complètement dénudé, débarrassé de toute espèce d'herbes parasites ; elle ne redoute pas moins les broussailles, les feuilles mortes, les débris de végétaux qui gisent à la surface vers la fin de l'automne. Tous ces débris sont nuisibles à la production. M. Ravel explique cette particularité par cette circonstance que la mouche truffigène a une profonde antipathie pour les matières en décomposition. Le fait est que partout où ces matières existent, la truffe disparaît ; il convient donc que le propriétaire apporte la plus grande diligence à s'en débarrasser. Peu importe d'ailleurs que l'opinion de M. Ravel soit vraie ou fausse.

Ceci nous conduit à la question des fumures, par laquelle nous terminerons ce chapitre. Les auteurs ne sont pas d'accord à ce sujet : les uns soutiennent qu'on peut sans inconvénient fumer les chênes truffiers ; les autres, qu'il faut s'en abstenir, sous peine de voir la récolte disparaître. MM. Bonnet, Blanchard et Bedel professent la première opinion, et MM. Ravel, Loubet et Bressy la combattent avec force. Voyons d'abord comment s'expriment les partisans de la fumure. M. Bonnet dit : « Une forte fumure fait disparaître la truffe pendant une année ou deux. » D'où cet auteur semble inférer qu'une fumure ordinaire doit être favorable. M. Blanchard partage le même avis : « Quant aux engrais, dit-il, ce qu'il y a de mieux à faire, c'est de fumer légèrement la truffière avec du fumier de litière, mêlé de terreau de feuilles. » Ceci rappelle les doctrines de M. de Bornothz, qui croyait avoir trouvé le moyen de reproduire la truffe à volonté, et qui n'avait fait que copier Buffon. Toutefois, M. Blanchard dit que « les épluchures et autres débris de truffes, dont M. Rousseau peut, plus que tout autre, user abondamment, n'ont pas produit de résultats remarquables, tandis qu'une prairie ainsi fumée a donné de très-beaux produits. » M. Blanchard traite la question en théoricien qui n'a jamais vu la truffe que sur une assiette.

Tout forestier qu'il est, M. Bedel n'est guère plus expert. Seulement, il nous semble sous l'influence des doctrines de l'Académie des sciences, ce qui lui fait commettre une pétition de principes impardonnable. « L'engrais, dit-il, a été également tenté sans succès; il a même présenté quelque inconvénient, ce qui pourrait tenir à ce qu'il n'aurait pas été répandu avec assez de discernement ou de mesure, car il paraît difficile d'admettre que les *substances azotées*, mises en temps et lieu en quantité convenable, ne soient pas les auxiliaires pour le développement d'un cryptogame qui *en contient une notable quantité*. » La pétition de principe, la voici : c'est que la truffe, riche en azote, n'aime point les matières azotées, tout en restant un champignon. Nous disons au contraire que son antipathie pour ces matières prouve qu'elle n'est pas un cryptogame. De ce qu'un végétal renferme de l'azote, il ne s'en suit pas forcément qu'il ait besoin d'engrais azotés pour se former; l'azote, il le puisera dans la couche de terre qui lui servira de berceau, et en outre, comme la truffe, qui est un parasite, il le recevra de l'arbre aux dépens duquel il se nourrira.

Quant aux auteurs qui considèrent l'engrais comme nuisible, ils nous paraissent plus dans le vrai. M. Ravel est très-explicite sur ce point; voici ce qu'il dit en propres termes : « J'ai recommandé aussi de s'abstenir d'une manière absolue de fumer la terre où se récolte la truffe..... En effet, ce tubercule n'emprunte rien à la terre; il tire sa vie et les éléments de sa croissance de l'azote provenant des racines du chêne ou de l'air; la terre ne s'épuise pas à le produire; c'est ce qui confirme une fois de plus cette théorie : que la truffe n'est pas une plante, mais un accident de la végétation du chêne. » M. Loubet, sans être aussi long, n'en est pas moins explicite que M. Ravel. « Il faut, dit-il, se garder également de déposer du fumier au pied des arbres. Il résulte d'expériences nombreuses qu'il existe entre les truffes et le fumier une véritable incompatibilité d'humeur, dont les suites fâcheuses retomberaient sur les propriétaires. » De son côté, M. Bressy, pharmacien à Pernes, recommande très-expressément de ne point fumer les truffières avec des rognures du tubercule. « Et surtout, dit-il eu s'adressant aux praticiens, ne répétez pas l'expérience dangereuse, je dirai fatale, tentée par MM. Rousseau et Rey, de Seaumane. Ces messieurs pour hâter le moment de la production, eurent la mauvaise pensée de fumer leur sol avec des rognures ou raclures de truffes, et, d'après leurs propres paroles, ils se garderaient comme du feu de reproduire les mêmes essais. Ils ont parfaitement raison, et notre théorie leur aurait désigné d'avance les fâcheux ré-

sultats qui les attendaient. » Après les nombreux échecs
éprouvés par les praticiens qui ont voulu employer
comme engrais les débris de tubercules, que deviennent
les sporules tant prônées par l'Académie des sciences,
comme l'unique moyen de reproduction? Ces sporules
chimériques ne sont-elles pas un peu comme la graine
de niais dont personne n'a jamais vu les germes?

Si l'on en croyait M. l'abbé Charvat, le seul résidu qui
n'est point contraire à la truffe serait le marc de raisin.
Cet écrivain praticien prétend avoir trouvé une truffe
dans un tas de marc en décomposition. Il est vrai que
ce fait est attesté par le sacristain de M. l'abbé. Ce témoignage mérite-t-il qu'on le discute? Pourtant M. Charvat n'est pas seul de son opinion : à Verteillac (Dordogne),
M. Amadieu, qui nous l'a certifié de vive voix, recouvre
ses truffières avec du marc de raisin aussitôt après les
décuvaisons: il prétend que cette couverture ne les
empêche point d'être fécondes. Nous n'avons pas vérifié
le fait; mais jusqu'à preuve du contraire, MM. Charvat et
Amadieu nous permettront de ne point les croire sur
parole.

CHAPITRE XII

Taille et conduite des chênes truffiers.

La taille et la conduite des essences doivent varier suivant les produits qu'on leur demande. Il faut diriger les
arbres fruitiers de manière à ce qu'ils fournissent le
moins de branches gourmandes, et que le bois se couvre le
plus possible de boutons à fruits. Chez les mûriers destinés
à donner de la feuille, il faut multiplier les branches se-
condaires, ainsi que les brindilles, afin que toutes ces
parties se chargent du tissu végétal que l'on veut obtenir.
Lorsqu'il s'agit de hautes futaies, on sacrifie une partie
des branches au tronc, qui a la plus grande valeur, et on
ne conserve que les rameaux indispensables à la respiration et à la nourriture du sujet. La manière de conduire les
arbres doit donc différer suivant leur nature, leurs aptitudes et les produits qu'ils sont appelés à fournir.

La culture du chêne, telle que nous la concevons dans
le Midi, a deux objets distincts : d'abord le reboisement
des terres dénudées, ensuite la multiplication de la
truffe, qui doit être pour ce pays une véritable source de
richesse. Ces deux objets nous indiquent comment il
faut tailler, comment il faut conduire ces essences pré-

cieuses. S'il s'agissait uniquement de boiser les terres incultes, les chênes devraient être plantés ou semés très-drus. Cette disposition favorise l'allongement de la tige, et permet d'obtenir des arbres de haute futaie. Mais comme, dans la question qui nous occupe, le bois n'est qu'un accessoire et la truffe le principal, il faut que les plantations soient dirigées de manière à produire le plus grand nombre de tubercules. Or, comme l'expérience démontre que la truffe ne pousse pas dans les massifs serrés, mais seulement aux pieds des arbres épars, il faut que les bois reçoivent cette dernière disposition. Cette nécessité ne doit point empêcher les praticiens de semer et de planter dru. Lorsqu'ils sont très-serrés, les jeunes arbres se protégent entre eux contre tous les accidents de température, et notamment contre la sécheresse qui en été désole le Midi. Seulement, pour leur donner de l'air et les mettre à la distance voulue, on les élaguera, et on les éclaircira au fur et à mesure de leur croissance. Il importe donc de nous occuper des élagages, des éclaircies, des recépages et autres opérations de taille et de conduite, qui intéressent à un très-haut degré la trufficulture.

En suivant l'ordre chronologique dans lequel ces différentes opérations doivent être exécutées, nous rencontrons d'abord le recépage des jeunes plants. Cette opération consiste à couper rez-terre les semis parvenus à leur quatrième année. Elle donne à ces semis, qui alors semblaient languir, une très-grande vigueur, si bien qu'à la cinquième année, ils ont acquis un développement double de ceux qui n'ont point subi cette amputation. Les recépages ont un très-grand succès dans Vaucluse, et il est probable qu'ils sont aujourd'hui appliqués sur une vaste échelle. On prétend qu'en favorisant la croissance, ils font devancer de deux ou trois ans le moment de la production. C'est là un point sur lequel nous ne sommes pas complètement fixés, et qui appelle les observations des praticiens. Nous attendons pour nous décider qu'ils nous les aient fait connaître. Nous nous bornerons à mentionner les recépages rez-terre des jeunes chênes au moment où ils sont transplantés. Nous avons déjà dit ce que nous en pensions dans le chapitre IX ; nous nous réservons de parler plus loin des recépages opérés sur les arbres ayant atteint leur vingt-cinquième année.

Viennent ensuite les élagages, qui doivent être répétés fréquemment, et qui intéressent à la fois l'avenir du chêne et la production de la truffe. La théorie des élagages est une question de physiologie végétale. Il s'agit de savoir quelle influence l'ablation des branches peut exercer sur les racines. Les botanistes, chose étrange ! ne se sont point occupés de cette grave question ; mais les trufficulteurs, d'après une longue expérience, savent très-bien que les élagages nuisent à la récolte de la truffe et qu'ils peuvent même la faire complètement disparaître lorsque toutes les branches sont coupées. Puisque la science est muette sur ce point, on peut tirer de ce phénomène une explication toute simple : les chênes, comme tous les végétaux, respirent par leurs feuilles ; en coupant les branches, on supprime donc l'organe de la respiration, qui est aussi un organe de nutrition. Les racines, privées des deux éléments indispensables à leur existence, l'air et les gaz répandus dans l'atmosphère, doivent en éprouver d'abord une grande pertubation, et ensuite périr tout à fait. Nous parlons surtout ici des radicelles, car si les grosses racines étaient atteintes, l'arbre cesserait d'exister. Les élagages, suivant qu'ils comprennent tout ou partie des branches, doivent donc détruire la totalité ou partie des radicelles, qui ne sont, après tout, que des pousses de la dernière année. Voilà qui explique pourquoi les truffes cessent de se montrer au bas des chênes dont l'élagage est complet.

La plupart des auteurs qui ont écrit sur les tubercules cherchent à s'expliquer les résultats fâcheux des élagages. M. Bonnet revient plusieurs fois sur cette question très-importante pour les praticiens, et à ce propos il formule une théorie qu'il nous faut maintenant discuter.

Il constate d'abord que, dans Vaucluse, on fait deux récoltes de truffes, l'une au mois de mai, l'autre pendant l'hiver. D'après lui, chacune de ces récoltes correspond à un mouvement de sève qui la produit. Seulement, il ne sait pas d'une manière précise à quelle époque de l'année chacune de ces récoltes prend naissance. Il se borne à constater que les élagages opérés en mars et en avril ne nuisent point à la truffe blanche *maïenque* ou du mois de mai. D'où il infère qu'à cette époque la *maïenque* est déjà formée, car, dit-il, elle a pu se passer de la sève qui monte au mois d'avril.

Il n'en serait pas de même de la truffe d'hiver; M. Bonnet soutient que les élagages d'avril lui sont nuisibles, en un mot qu'ils l'empêchent de naître. A l'égard de cette variété, on ne sait pas davantage le moment de sa formation, mais on suppose que c'est de juillet à septembre. M. Bonnet affirme que les élagages faits à cette dernière époque de l'année ne nuisent point à cette sorte de tubercules. Puis, comme pour développer cette théorie fort ingénieuse d'ailleurs, mais que l'on peut contester, il ajoute ces paroles que nous copions textuellement : « Il est à présumer qu'aussitôt après qu'un arbre a été coupé au pied, les racines chevelues et surtout les spongioles doivent se flétrir, puis entrer en décomposition, ce qui expliquerait le manque de récolte des truffes pendant tout le temps que met le tronc à repousser un nouveau feuillage qui, redonnant à la sève sa première activité, lui fait pousser un autre chevelu, et par suite sa galle. »

D'après ses observations personnelles, M. Bonnet croit pouvoir tracer les deux règles suivantes qui résument toute sa théorie : la récolte de la truffe manque complètement si les élagages sont faits avant l'époque où elle se forme. Au contraire, la récolte n'en est point atteinte si les élagages sont postérieurs à l'époque de sa formation, ne serait-ce que de quelques jours.

M. le docteur Blanchard partage l'opinion de M. Bonnet. Il en fait même sortir une application nouvelle, fort ingénieuse, mais qui, suivant nous, n'est point pratique. Comme M. Bonnet, il conseille les élagages lorsque la sève sommeille. Seulement, il ne tient pas compte du moment précis où le tubercule commence à se montrer sur les radicelles. En outre, il conseille les *ébourgeonnements*, les *pincements* et la *taille en vert*. Ces trois opérations, suivant lui, ne devront jamais porter atteinte à la récolte, puisqu'il les suppose faites après la formation du tubercule. Ces conseils sont bons en théorie ; seulement, s'il fallait ébourgeonner et pincer les chênes une partie de l'arrière-saison, ce serait un travail qui coûterait beaucoup trop cher. Et d'ailleurs, si la truffe noire ne vient au monde qu'en juillet et qu'en août, arrivées à ce point, les nouvelles pousses du chêne ne sont-elles pas déjà trop ligneuses pour se prêter au pincement et à l'ébourgeonnement?

Quant à la taille en vert opérée au moment où la truffe commence à se développer, on peut admettre avec M. Bonnet et M. le docteur Blanchard qu'elle ne devra pas nuire à la récolte. Mais il faudrait que cette théorie reposât sur des observations précises ; et ces écrivains n'en apportent aucune. En supposant les tubercules nés quelques jours avant l'élagage, qu'arriverait-il? Très-probablement les radicelles sur lesquelles adhéreraient les petites truffes se pourriraient faute d'air et de nourriture. Une fois la radicelle pourrie, que deviendraient les tubercules? La théorie nous enseigne qu'ils devraient pourrir à leur tour, puisqu'ils tirent du chêne toute leur substance.

Nous le répétons, jusqu'à preuve du contraire, on nous permettra de croire que les élagages opérés après le moment où la truffe existe doivent avoir une grande influence sur la récolte qui suit immédiatement et la faire périr en partie. A plus forte raison devraient-ils préjudicier à la récolte de la seconde et de la troisième année. Pour rétablir les choses dans leur état normal, il faudrait que l'arbre recépé ait pu reconstituer ses branches.

Maintenant, quelle est l'opinion de M. Tulasne sur les élagages, lui qui a visité avec quelques détails les truffières de Vaucluse? Il ne reconnaît leur influence qu'au point de vue de l'ombrage que les branches coupées pouvaient donner, et qui, selon lui, est indispensable à la production; c'est là une grave erreur, car nous avons établi plus haut que l'ombrage était plutôt nuisible qu'utile. Nous allons bientôt démontrer qu'il fait disparaître la truffe partout où se forment des massifs serrés. M. Tulasne avoue cependant avoir trouvé des tubercules à plusieurs mètres des chênes et jusque dans des terrains labourés, mais voisins des massifs. Cet éloignement a fait penser aux partisans de la *truffe-champignon* qu'elle n'adhère jamais aux racines. On sait maintenant ce qu'il faut penser de cette doctrine. En ce qui concerne le recépage des arbres par le pied, M. Tulasne déclare qu'il pourrait en résulter, sinon l'entière destruction de la truffe, du moins une interruption de sa fécondité. Nous ne savons pas vraiment sur quoi M. Tulasne peut baser cette opinion. S'il avait bien voulu consulter le premier *rabassaire*

venu, il aurait appris que la truffe cesse de se montrer
autour des arbres recépés par le pied, et qu'avant de re-
paraître il faut que ces arbres aient reconstitué leur charpente. Nous ne comprenons pas qu'on se rende sur les
lieux pour y faire une sorte d'enquête et qu'on n'y re-
cueille que des informations contraires à la vérité.

Au surplus, si l'on veut bien comprendre l'influence que
les élagages peuvent exercer sur la production, on n'a
qu'à s'en référer à notre chapitre V, intitulé : *Résultats pratiques obtenus par M. Rousseau ;* on y trouvera de nombreux exemples de ce que nous avançons.

Les éclaircies diffèrent des élagages. Elles consistent à
supprimer une partie des arbres les moins bien venants
et à laisser en place les plus beaux ; c'est ainsi que le con-
çoivent les forestiers dont l'unique préoccupation est de
produire du bois.

En trufficulture, le bois n'est que le moyen ; la truffe
est le but qu'il s'agit d'atteindre. Ce n'est donc pas la
beauté des arbres qu'il faut considérer pour les laisser en
place, mais bien leur fertilité. Un praticien diligent doit, dès
l'origine de ses plantations, constater avec soin les aptitudes truffières de ses chênes et n'arracher que les improductifs, à moins toutefois que des touffes également bonnes
n'existent, auquel cas, suivant les circonstances, il pourra
faire quelques retranchements ; mais il devra avec le plus
grand scrupule conserver ses arbres les plus féconds, quelle
que soit d'ailleurs la place qu'ils occupent et la forme sous
laquelle ils se présentent. Ce ne sont pas toujours les arbres

les mieux conformés au point de vue des sylviculteurs qui
donnent le plus de truffes; les sujets rabougris sont souvent d'un mérite hors ligne. C'est ainsi que dans Vaucluse
le kermès et l'yeuse, de simples arbustes, ne se lassent
point de produire. Le chêne vert lui-même, quoique chétif, est également très-fécond. Eh bien, partout où à côté
du chêne vert se trouvera un chêne blanc qui donne les
plus belles espérances comme arbre forestier, s'il est médiocrement bon pour la truffe, on ne devra point hésiter
à le faire disparaître.

Ces préceptes sont très-soigneusement appliqués par
M. Rousseau dans ses différentes truffières. Chaque année
il marque à la craie blanche les arbres les plus fertiles;
il imprime aussi aux arbres improductifs une marque particulière; puis, lorsque le moment des éclaircies arrive, ces
derniers sont abattus. C'est ainsi qu'il faut comprendre
la conduite des bois de chêne lorsqu'ils ont pour princi-
pale destination la récolte de la truffe.

Même dans ces limites, le reboisement du midi de la
France par les quercinées sera un très-grand bienfait.
Pour que le climat en éprouve un changement favorable,
il faut que le sol dénudé soit couvert d'une végétation
quelconque permanente. La question des hautes futaies
est sans doute fort intéressante pour un agent forestier,
mais elle ne constitue qu'un des éléments du problème.
Le point essentiel, c'est que les terrains stériles soient
plantés de bois qui les protégent contre l'ardeur du soleil
et attirent les nuages. Ces bois faciliteront les pluies et

en absorberont les eaux. En restaurant le climat, ils rendront les orages moins fréquents ; ils préserveront les récoltes contre la grêle et les gelées tardives ; ils rendront les inondations moins dangereuses pour la propriété rurale. Voilà, certes, des perspectives faciles à réaliser et qui font du reboisement une question d'utilité publique de premier ordre.

Les éclaircies doivent donc avoir deux objets en trufficulture :

1° La bonne disposition des bois sur le sol dénudé, afin que toutes les parties en soient couvertes ;

2° La conservation des chênes, non pas les plus beaux ni les plus aptes à faire de la haute futaie, mais ceux qui donnent la plus grande quantité de truffes.

Les éclaircies peuvent porter sur quatre sortes de plantations que les praticiens pourront adopter suivant les circonstances ; ce sont : 1° les semis en haies ; 2° les bois taillis ; 3° les futaies régulières ; 4° les arbres épars. Chacune de ces plantations ne devra pas être traitée de la même manière.

Relativement aux haies et aux taillis, il faudra toujours procéder par arrachage ; il devra en être de même dans les futaies régulières, parce qu'ici il reste assez de sujets sur pied pour les disposer sur le sol comme on l'entendra. Mais lorsqu'il s'agit d'arbres épars, qui couvrent à peine le sol, on pourra se dispenser d'arracher les souches. Les rejets formeront ainsi de nouveaux arbres qui pourront remplacer les manquants, s'il venait à se produire des vides.

10.

Où devront s'arrêter les éclaircies? En d'autres termes, quelle doit être la distance à observer entre les arbres qui occupent la truffière? Il n'est pas possible d'établir de règles certaines à cet égard. Tout doit dépendre de la richesse du sol et du développement que ces arbres pourront acquérir. Sur les mauvais terrains, où les sujets restent rabougris, il en faudra un plus grand nombre que sur les terrains fertiles, où les arbres prennent de grandes proportions. Les taillis occuperont plus de place que les arbres épars. Les circonstances locales pourront seules donner une juste mesure du nombre d'essences qui devront exister par hectare; mais ce qui doit être un précepte absolu, c'est qu'il faudra toujours disposer les arbres de telle sorte que le soleil puisse toujours pénétrer à leurs pieds et les inonder de ses rayons au moins une partie de la journée. Voici, en ce qui concerne cette question fort importante, ce que nous croyons devoir recommander à titre d'exemple, laissant à chaque praticien le soin de les modifier suivant qu'il le jugera convenable. En cette matière, l'observation des faits sera toujours le meilleur guide.

Il faut disposer les arbres en quinconce, de façon à ce que l'ombre de l'un ne se projette point sur l'autre d'une manière constante. Cette disposition doit surtout être recommandée sur les pentes ardues et sur les versants des montagnes. Là, les éclaircies peuvent être faites comme nous allons l'indiquer.

On laisse les lignes en travers de la pente, sans tenir

compte de l'orientation; mais, en remontant, on doit combiner les arbres de manière à ce qu'ils forment un échiquier. Avec ce système, le soleil pourra toujours éclairer les parties les plus proches du tronc, celles où se forme la truffe.

Dans les terrains plats ou presque plats, comme par exemple Puits-du-Plant, les lignes doivent être dirigées du nord au sud, afin que le soleil, après avoir frappé du côté du levant le matin, inonde de ses rayons les allées en plein midi, et le soir frappe les lignes du côté du couchant, avant de disparaître. Ici le grand art consiste en ce que l'ombre des arbres ne se projette point de l'un à l'autre sans interruption. Il ne faut pas que ces arbres arrivent jamais à former des massifs impénétrables. La truffe aime particulièrement l'air et le soleil ; la priver de ces deux agents sans lesquels il n'y a point de vie possible, ce serait la faire fuir sans retour.

A l'appui de cette théorie, nous pourrions citer de nombreux exemples ; contentons-nous d'un seul. Vers 1846, M. le marquis de Malet planta à Sorges (Dordogne) des chênes en vue d'en obtenir de la truffe. Jusqu'à vingt ans, ces bois furent très-productifs ; mais à partir de cet âge, les récoltes déclinèrent ; bientôt elles furent complètement nulles. Pourquoi ce phénomène ? C'est parce que les arbres, étant devenus trop serrés, ne recevaient plus ni assez d'air, ni assez de soleil, ces deux éléments indispensables à la formation de la truffe. Elle disparut donc. Ce fait s'est produit des millions de fois, sans qu'on ait cherché à l'expliquer. Rien n'est pourtant plus facile : c'est faute d'air et de lumière que ces bois étaient devenus stériles. En abattant une partie des arbres, ceux qui restèrent sur place se trouvèrent dans des conditions meilleures, et les tubercules reparurent. Sans doute, après les éclaircies, il faudra attendre que le sol, couvert de plantes parasites, se dénude, puisque c'est là une des conditions essentielles de fertilité. Mais les labours, les hersages et les sarclages seront de puissants auxiliaires pour nettoyer le sol et hâter le moment où la production recommencera.

Ces éclaircies, comme nous venons de le dire, devront être faites en disposant les arbres de manière à ce qu'ils ne projettent pas leur ombre l'un sur l'autre, et que le soleil puisse une partie de la journée en atteindre le pied et le vivifier de ses rayons. C'est là une méthode à peu près inconnue dans les centres producteurs, mais infaillible pour rétablir les truffières devenues stériles. Comment les éclaircies doivent-elles être pratiquées ? Il y a deux manières : on peut se borner à couper les arbres qui sont de trop, sans arracher les souches ; mais alors ces souches donnent des rejets, et au bout de quatre ou cinq ans, les bois sont aussi serrés qu'avant l'opération. D'ailleurs, en faisant les éclaircies, ce ne sont pas seulement les arbres qui couvrent le sol de leurs massifs épais qu'il faut faire disparaitre ; il faut aussi que la couche végétale soit débarrassée d'un surcroît de racines qui la couvrent comme un réseau et l'épuisent par leur trop grand nombre. Ces racines, qui se dévorent entre elles, ne peuvent appliquer qu'une faible partie de leurs forces à la production de la truffe. Pour les utiliser complètement, il faut arracher les souches des arbres abattus : c'est la seule manière rationnelle de procéder. Si les branches réclament de l'air et du soleil, les racines demandent de l'espace et une couche végétale qui puisse leur fournir une abondante nourriture. Or ces deux conditions, elles ne peuvent les obtenir que par l'extirpation des souches. Ainsi, les éclaircies à fond sont les seules qu'il faille admettre, si l'on veut que les truffières deviennent très-fécondes.

Au reste, cette question n'a point échappé aux auteurs qui s'occupent de trufficulture. Nous en citerons seulement trois, pour faire voir l'importance qu'ils attachent à cette opération.

M. Ravel déclare que si l'on veut multiplier la mouche truffigène et faciliter sa fécondation, il lui faut des bois exposés au soleil. M. Bonnet soutient que lorsque les branches des chênes s'étendent suffisamment pour empêcher le soleil d'exercer son action bienfaisante sur le sol, la truffe disparaît. A l'appui de cette assertion, il cite un exemple qui remonte vers le milieu du XVIIIe siècle et qui s'est passé dans les environs d'Apt. Enfin M. l'abbé Charvat partage la même opinion. « Si, dit-il, les arbres se touchent de manière à former un massif, les germes sont étouffés. Il y a donc alors non seulement diminution, mais encore disparution des produits. Il faut

alors procéder par éclaircies, afin d'ouvrir des voies de
circulation à l'air et à la lumière. C'est absolument la
loi qui régit l'ordre végétal, et même il ne faut pas
attendre que la nécessité le commande, parce que cette
opération ne pourrait se faire qu'en mutilant, en déchi-
rant les racines des sujets que l'on voudrait conserver,
et on pourrait porter ainsi la perturbation dans l'économie et les forces productives de sa truffière. Celui qui veut
des truffes plutôt que du bois doit tenir de bonne heure
ses arbres truffiers à une distance convenable les uns des
autres. » Ainsi les écrivains à la fois praticiens reconnaissent que les éclaircies sont le seul expédient pour
ramener la production dans des truffières devenues depuis longtemps stériles. Nous ne comprenons pas qu'une
opération aussi simple, aussi efficace, soit encore inconnue dans les centres producteurs.

M. Tulasne s'est aussi occupé des éclaircies et des
avantages qu'elles doivent offrir. Voici comment il
s'exprime à ce sujet : « Beaucoup de bois pourraient être
convertis en truffières à l'aide de quelques soins qui consisteraient surtout à *diminuer le nombre des arbres,* et à
débarrasser le sol des *broussailles* qui l'empêcheraient de
recevoir à la fois facilement les *eaux pluviales* et l'*influence
directe du soleil.* »

Les broussailles, dont nous n'avons point encore parlé,
lorsqu'elles couvrent le sol, sont un obstacle à la production de la truffe. Il est bon de l'en débarrasser, comme
le recommande M. Tulasne, et sur ce point nous sommes

complètement d'accord. Il convient également que les *rayons du soleil* frappent directement le sol pour le réchauffer et le dessécher. La discussion à laquelle nous venons de nous livrer le prouve surabondamment; mais on ne voit pas de quelle utilité pourraient être les eaux pluviales dans les truffières. C'est là une idée fausse que M. Tulasne n'aurait point, s'il ne considérait pas la truffe comme un champignon qui a besoin d'humidité pour se développer. Les observations multiples de M. Rousseau prouvent que l'humidité est très-nuisible à la truffe et qu'elle n'éprouve aucun besoin de recevoir *facilement les eaux pluviales* dont M. Tulasne veut absolument la gratifier. Cet écrivain y aurait sans doute vu plus clair, s'il n'avait point été sous l'influence des doctrines de l'Académie des sciences.

Enfin, reste la question des recépages lorsque les arbres ont atteint leur vingt-cinquième ou trentième année. Cette opération consiste à les couper par le pied et à attendre que les rejets forment un nouveau tronc. Le premier résultat de cette opération, c'est que la récolte des truffes cesse complètement pendant quatre ou cinq années; l'arbre ne donne plus ni tubercules, ni glands, ni noix de galle. Ce temps de repos, on le conçoit, doit refaire à cet arbre une seconde jeunesse. Lors donc qu'il aura reformé sa charpente, il est à présumer qu'il deviendra très-fécond et donnera en abondance tous les produits qui lui sont naturels.

Cette théorie n'a rien qui puisse contrarier les vraies

doctrines de la sylviculture ; toutefois, comme cette science ne s'occupe que de la production du bois, il peut y avoir lieu de douter qu'appliquée aux arbres truffiers, elle leur soit favorable. Nous pensons qu'avant de nous prononcer sur les recépages des arbres de vingt-cinq à trente ans, il faut attendre que l'expérience ait fait voir la bonté de cette théorie, mise en avant un peu à la légère par M. Rousseau.

Nous croyons avoir démontré l'importance toute pratique que présentent la taille et la conduite du chêne truffier. Nous n'avons jusqu'ici point encore parlé du prix de revient de ces différentes opérations. M. Rousseau lui-même semble n'en tenir aucun compte dans le registre que nous avons longuement analysé ; cependant cet oubli est facile à comprendre. M. Rousseau nous avertit quelque part que les bois provenant des éclaircies et des élagages, après avoir payé la main-d'œuvre, laissent encore un bénéfice qui n'est point à dédaigner. C'est ce bénéfice qui l'a empêché de porter en compte la main-d'œuvre et qui nous dispense nous-même d'en établir le prix de revient.

CHAPITRE XIII •

Irrigation et drainage des truffières.

De tous les phénomènes météorologiques, la sécheresse et l'humidité sont les plus nuisibles aux truffières. Quelles sont les causes de ces deux phénomènes? C'est le déboisement. Pour y porter remède, il faut sans retard couvrir de plantations toutes les terres incultes.

C'est surtout le midi de l'Europe qui se trouve déboisé. Cet état de choses explique les perturbations survenues dans le climat et l'appauvrissement graduel de la couche végétale. Un sol complètement dénudé a une très-grande influence sur la température. En été, il rend la chaleur excessive, et en hiver le froid insupportable. Mais ce n'est pas tout : l'aridité du sol fait fuir les nuages et empêche la pluie de tomber; c'est là ce qui détermine les trombes et les orages dont nous avons eu tant à souffrir cette année. Enfin la dénudation du sol a changé le régime des eaux. En été, lorsque règne la sécheresse, les sources se tarissent, et les petites rivières cessent de couler. Lorsque surviennent des orages, ces mêmes rivières se changent en torrents dévastateurs et inondent toutes les parties voisines de leurs rives.

11

Ainsi la sécheresse et les orages sont deux phénomènes qui s'engendrent l'un par l'autre, et auxquels on peut à la fois remédier par le reboisement. Or, comme la truffi-culture, nous croyons l'avoir démontré, est le plus puis-sant auxiliaire de cette mesure réparatrice, nous espérons être utile à notre pays en signalant tous ses avantages et en poussant les populations méridionales dans cette voie nouvelle. Un auteur que nous avons déjà cité, M. Bedel, ins-pecteur des forêts à Avignon, le comprend comme nous-même. « Écoutez, s'écrie-t-il, ceci n'est point un para-doxe, mais bien une belle et bonne vérité : la truffe fera peut-être pour la restauration de nos montagnes de Vau-cluse plus que la crainte des inondations, plus que les réglements d'administration publique, plus que la loi de 1860. »

M. Bedel a mille fois raison, et nous partageons ses espérances. Les propriétaires de Vaucluse, dès qu'ils ont vu le parti qu'on pouvait tirer de leurs garrigues au moyen des chênes truffiers, n'ont point attendu la loi du 8 juillet 1860 sur le reboisement pour se mettre à l'œuvre. L'intérêt particulier est un mobile autrement puissant que tous les actes législatifs. Depuis 1856, époque où le préfet de Vaucluse signala aux communes les avan-tages de la trufficulture, dans l'espace de dix ans, on a planté 3,567 hectares de chênes et d'yeuses. Il suffit de faire connaître ces chiffres, ainsi que la somme de pro-duits donnée par ces semis, pour inspirer une noble émulation à tous les propriétaires du Midi et les déterminer à entreprendre sans retard le reboisement de leurs mauvaises terres.

Cette opération doit surtout leur être favorable, parce qu'elle ravivera des sources depuis longtemps taries et rendra le régime des rivières plus régulier. Elle mettra ainsi à la disposition de l'agriculture, pour les arrosages, un volume d'eau bien plus considérable que celui disponible aujourd'hui. C'est là un point de vue sur lequel nous ne saurions trop insister.

La première chose qu'il y aurait à faire dans le Midi, ce serait l'aménagement des eaux. Cette opération devrait être conduite de front avec celle des semis de chênes truffiers; elles se prêteraient un mutuel concours. Les profits que l'on retirerait des truffières serviraient à creuser des canaux d'arrosage, et le surcroît de revenu que l'irrigation donnerait pourrait être employé à créer des truffières. Mais il y a plus. Lorsque la disposition des lieux le permettrait, on pourrait, dans les années de sécheresse, mettre une partie des eaux disponibles à la disposition des trufficulteurs. Cet emploi serait très-certainement un des plus lucratifs qui pourraient se faire.

L'application des arrosages aux bois de chênes pour les rendre plus fertiles est une pratique toute nouvelle. M. Ravel, en 1856, en parle le premier. Voici comment il s'exprime à ce sujet : « Je pense qu'on pourrait bien souvent suppléer à la pluie et aux hersages par un arrosage fait à propos..... Cette opération devrait être faite le soir. Il faudrait éviter que l'eau courût sur le sol, de peur de noyer la mouche truffigène ou d'emporter sa couvée en dénudant les racines ; d'ailleurs, les arrosages faits de la sorte ne pénètrent jamais bien dans la terre. On éviterait cet inconvénient au moyen d'une pomme d'arrosoir, et en ne laissant que peu d'eau à la fois sur la même place, sauf à y revenir. Il faudrait bien se garder d'arroser de façon à rendre la terre pesante ; si l'on n'avait pas de cours d'eau dans le voisinage, peut-être pourrait-on préparer des réservoirs qui se rempliraient dans l'hiver. La chose serait d'autant plus praticable que, d'après ce que nous avons dit plus haut, les terres truffières sont toujours dans des terrains argileux calcaires. » Nous ne voulons pas discuter la théorie de M. Ravel sur l'irrigation des chênes truffiers ; nous ferons seulement observer que la pomme d'arrosoir qu'il indique comme moyen ne serait point pratique.

M. Blanchard parle des irrigations exécutées en 1858 par M. Rousseau à Puits-du-Plant. Après avoir décrit cette opération, M. Blanchard conclut « qu'une humidité constante et modérée est essentiellement favorable à la truffe. » Cette opinion est contraire aux observations faites par M. Rousseau lui-même ; la truffe n'aime pas l'humidité. Sur cette question, M. le docteur Blanchard n'est pas plus avancé que lorsqu'il parle des fumures.

Avant les essais exécutés à Puits-du-Plant, on n'avait point songé à irriguer les truffières. Depuis lors, cette pratique trouve des imitateurs ; on en cite dans Vaucluse et dans les Basses-Alpes. Les voisins de M. Ravel com-

mencent à l'appliquer. Ce qui doit en retarder la vulgari-
sation, ce sont les difficultés pratiques qui se rencontrent à chaque pas. On n'est point encore fixé sur la
durée que doivent avoir ces arrosages. Pour bien s'en
rendre compte, il faut se rappeler que la truffe n'aime
pas l'humidité et qu'elle préfère de beaucoup la sécheresse. En partant de cette donnée, l'irrigation des truffières ne devra pas ressembler à l'irrigation des prairies
ou de toute autre culture. Sur la truffière, l'eau ne doit
intervenir que comme agent mécanique dont le rôle est
d'écroûter le sol, et non comme agent de fertilisation. La
truffe, qui tire tous ses éléments du chêne, n'a pas besoin
d'engrais. Ce qu'il faut à la truffe pour pouvoir se former, c'est un sol sec et perméable, où la mouche puisse
faire son travail. L'irrigation ne doit donc pas jouer ici
le même rôle que dans les autres cultures.

En veut-on la preuve? Nous la trouvons dans le ré-
gistre de M. Rousseau. Les observations de ce praticien nous font d'abord connaître que les années de sécheresse sont les plus favorables à la production. Ensuite,
il nous cite des étés très-secs où il a suffi de deux légères
ondées pour déterminer une récolte abondante. Mais si
deux légères ondées ont pu opérer ce miracle, que faut-
il en conclure? C'est que les arrosages ne devraient pas
distribuer sur le sol de la truffière un volume d'eau supérieur à celui des ondées dont il s'agit. C'est là un
point de vue auquel M. Rousseau lui-même n'avait pas
songé et sur lequel nous appelons l'attention.

Combien les deux ondées qui, en 1865, suffirent pour favoriser le travail de la mouche, ont-elles produit de millimètres d'eau? Ne serait-il pas rationnel que, pour se rapprocher le plus possible de la nature, le trufficulteur mesurât ses arrosages d'après le volume d'eau tombé du ciel? Là est toute la question. M. Rousseau insiste sur l'été de 1865 qui fut sec, et qui néanmoins ne causa aucun préjudice à sa truffière. La saison s'écoula, de la fin de mai jusqu'au 10 août, sans la moindre pluie. La température ne fut point excessive comme elle l'est dans le Midi. Le 10 août, une légère ondée survint, puis la chaleur et la sécheresse reprirent et continuèrent jusqu'au 8 septembre, qui amena une nouvelle pluie. L'ondée du 10 août, nous apprend M. Rousseau, fut très-favorable à la formation de la truffe; la récolte laissa peu à désirer; l'ensemble de la production augmenta.

Cependant M. Rousseau ne nous dit pas qu'il eut recours aux arrosages.

Combien était-il tombé d'eau durant les deux journées du 10 août et du 8 septembre? C'est ce qu'il ne nous est pas possible de savoir. M. Rousseau a négligé d'établir un udomètre à Puits-du-Plant. De sa part, c'est un oubli qu'il devrait s'empresser de réparer. Si nous connaissions l'épaisseur de la couche de pluie tombée sur une truffière, il serait facile de déterminer le volume d'eau qu'il faudrait répandre par les arrosages. Il y aurait là une base qui pourrait être d'un très-grand secours aux praticiens. Maintenant, il faut tenir compte des infiltrations que la truffière de Puits-du-Plant reçoit du canal de la Durance ; il faut encore tenir compte des eaux d'égouttement qui lui arrivent de toutes parts. Enfin, il faut nous rappeler que le sol se compose de 39 p. 100 d'argile, et qu'il est naturellement plus humide que le sol des truffières situées sur des pentes et dont les terrains renferment moins d'alumine. En supputant toutes ces différences, on pourrait sans doute trouver une formule qui déterminât le volume d'eau nécessaire à une truffière. Mais, on le conçoit, cette formule devra varier dans chaque localité.

Reste à nous demander quel système d'arrosage doit être préféré. Est-ce la méthode par submersion ou bien la méthode par infiltration ? Après avoir essayé de la première, M. Rousseau s'est arrêté aux arrosages par infiltration ; d'après lui, ce sont les seuls qui lui aient réussi. Eh bien, nous pensons, nous, que ce système est celui qui convient le moins à la truffe. En effet, d'une part, nous savons que ce tubercule n'aime pas l'humidité ; de l'autre, qu'il suffit au sol d'un léger écroûtage pour le rendre propre à la production. Dès lors, qu'arrive-t-il lorsque vous laissez pendant quarante-huit heures, comme l'a fait M. Rousseau, des fossés remplis de liquide, et que le terrain qui les avoisine est très-perméable ? Vous apportez dans cette terre une dose d'humidité plus grande que la truffe n'en réclame, elle qui l'aime si peu. Vous lui causerez donc un préjudice d'autant plus grave, que vous aurez maintenu plus longtemps l'eau dans les fossés. A nos yeux, c'est bien moins l'intérieur de la couche végétale qu'il faut humecter que la croûte extérieure. Puisque l'expérience nous enseigne que la rupture de cette croûte en juillet et en août suffit pour rendre possible la formation de la truffe, à quoi bon aller au-delà, alors surtout qu'on est exposé à saturer la couche végétale d'une trop forte dose d'humidité?

Notre dernier mot sur cette question doit être celui-ci : construisez des udomètres sur vos truffières ; recueillez une série d'observations suffisantes relativement à la quantité de pluie qui y sera tombée ; établissez les rapports qui existent entre cette quantité et le produit des récoltes ; fixez-vous bien sur les épaisseurs qui sont le plus favorables à la production ; vous pourrez les prendre comme point de départ et régler en conséquence la quantité d'eau qu'il faudra répandre sur le sol. L'observation seule pourra vous faire modifier les chiffres qui vous seront fournis par l'udomètre.

A l'égard des questions de détail qui concernent les arrosages, elles sont trop connues pour que nous nous y arrêtions; contentons-nous de dire que si la truffière n'a pas une pente suffisante et que l'eau soit sujette à y séjourner, il vaudrait peut-être mieux s'en tenir aux arrosages par infiltration. Mais ici encore, il faudra bien se fixer sur le nombre d'heures que les fossés devront rester pleins, et aviser à ce que, une fois l'opération terminée, on ouvre les canaux de vidange. Tous ces détails sont essentiels, si on veut rendre profitable l'irrigation des truffières.

Lorsqu'il n'est pas possible d'établir une prise d'eau, comment pourrait-on y suppléer ? C'est par des sarclages et des hersages successifs. Ces deux façons débarrassent le sol des mauvaises herbes, brisent la couche superficielle, la rendent perméable et par conséquent plus accessible aux influences de la rosée ; en ayant recours à ces moyens, on rendra le travail des mouches plus facile. Et comme on suppose que c'est en juillet et en août que la truffe se forme sur les racines du chêne, c'est à cette époque de la saison que les sarclages et les hersages devront être exécutés. Nous croyons fermement que ces deux opérations, si elles ne remplacent pas tout à fait les arrosages, peuvent, dans de certaines limites, les suppléer et rendre les mêmes services.

Les années humides et pluvieuses sont bien moins fréquentes dans Vaucluse que les années de sécheresse. Une période de dix années (1856 à 1866) en donne six de chaudes et sèches, tandis qu'il n'y en a que trois d'humides, et une seulement de tempérée. Mais ce qui modifie le climat à Puits-du-Plant, c'est la nature du terrain, la situation des lieux et les infiltrations du canal de la Durance. Ces circonstances atténuent beaucoup la sécheresse, mais sont aussi très-défavorables dans les années pluvieuses.

C'est là ce qui a conduit M. Rousseau à faire du drainage et à creuser des canaux d'assèchement à côté des canaux d'arrosage.

Les canaux d'assèchement sont surtout établis pour fa-

11.

ciliter l'écoulement des eaux qui servent à l'irrigation ; les fossés de drainage pour assainir les parties trop humides de la truffière. M. Rousseau ne perd point de vue que l'eau est plus nuisible qu'utile à la truffe. C'est là un fait que lui enseigne sa longue pratique.

Le drainage n'est point régulier ; il consiste en quelques rigoles établies dans les endroits les plus mouillés. M. Rousseau n'a point voulu qu'il s'étendît à toute la propriété ; c'est une économie sans doute ; mais, à notre avis, un drainage régulier aurait été bien préférable. L'opinion que la truffe aime l'humidité ne peut plus aujourd'hui se soutenir. Voilà pourquoi un drainage régulier espacé à 10 ou 12 mètres, et d'une profondeur aussi grande que la pente le permettra, doit être plus favorable aux truffières qu'un drainage irrégulier.

Lorsqu'il s'agit de cultures ordinaires, les règles changent. Il convient alors de proportionner l'assèchement à la nature des plantes qui doivent occuper le sol. Par exemple, si l'on draine un herbage trop humide, il ne faudra faire disparaître que l'eau en excès. Autrement, l'herbage se trouverait converti en une terre labourable. L'opération serait donc contraire au but qu'il s'agirait d'atteindre.

A l'inverse, si on draine des vignes, l'assèchement devra être le plus complet possible. On sait en effet que la vigne n'aime pas les terrains humides ; que placée dans ce milieu elle en souffre, et que ses produits y sont plus que médiocres.

Le chêne et la truffe qui pousse sur ses racines éprouvent peut-être encore plus d'antipathie pour l'humidité que la vigne. Il leur faut une terre sèche ; c'est là seulement qu'ils se plaisent. Lors donc qu'on veut établir des truffières, il faut choisir le sol le plus aride, et si l'on se trouve dans les conditions où s'est placé M. Rousseau, il faut sans retard recourir au drainage et le faire aussi complet que possible. En règle générale, l'assèchement, lorsqu'on l'exécute, doit être mis en rapport avec la nature des plantes qui se succèderont à la surface.

Le drainage des truffières est une application nouvelle d'une méthode d'assainissement qui a rendu de très-grands services à l'agriculture. Les écrivains qui se sont occupés de la truffe n'en disent pas un mot; ils n'y ont sans doute point songé, parce que les truffières naturelles se rencontrent toujours sur des terrains en pente, qui n'ont pas besoin d'assèchement. Nous n'avons donc, sur ce sujet complètement neuf, rien qui puisse nous guider, si ce n'est les travaux et les observations de M. Rousseau.

Par cela même que le drainage des truffières est un sujet que les auteurs négligent et dont il n'existe qu'un seul précédent, il convient de ne l'aborder qu'avec circonspection. Les essais, lorsqu'on en fera d'autres, devront être accompagnés d'études persévérantes et d'observations attentives, afin que, suivant les circonstances locales, on puisse les soumettre à des règles certaines. C'est de cet ensemble d'études et d'observations isolées que l'on pourra un jour tirer des préceptes pour guider les praticiens. En attendant, comme nous n'avons qu'une seule application, il nous faut y revenir et entrer à ce sujet dans quelques détails.

A la suite d'une série d'années pluvieuses qui commencèrent en 1858 et finirent en 1862, M. Rousseau acquit la certitude que l'humidité était le fléau le plus dangereux pour le chêne et pour la truffe. Elle faisait dépérir les chênes à vue d'œil; leurs feuilles se fanaient de très-bonne heure; une perturbation se manifestait dans la circulation de la sève; enfin ils semblaient perdre leur vigueur. De son côté, la truffe parasite du chêne participait de l'état de ces derniers; elle était plus petite, moins abondante; on en découvrait bon nombre de pourries. M. Rousseau commençait à comprendre que Puits-du-Plant était beaucoup trop humide, et qu'il lui faudrait peut-être renoncer à son entreprise, s'il ne trouvait pas de moyens pour assainir sa truffière. On était alors à la fin de 1862; depuis le mois d'août jusqu'an 31 décembre, la pluie n'avait cessé de tomber; le sol était en quelque sorte détrempé. Mais ce n'était pas tout; les infiltrations du canal de la Durance avaient été plus fortes que d'habitude; c'est à ce point que le pied des chênes était dans l'eau, et la truffe comme dans un bain. Aussi la récolte se trouva-t-elle réduite, et la qualité amoindrie. Quel était donc le remède à cette situation qui menaçait de tout compromettre? Après y avoir mûrement réfléchi, M. Rousseau se décida à faire des travaux d'assainissement qui seuls pouvaient le sauver. Il commença par

ouvrir un fossé de décharge pour faciliter l'écoulement
des eaux qui remplissaient le canal de ceinture. Cette
opération faite, il vida ce canal ; puis quelques jours
après il visita avec le plus grand soin les diverses parties
de sa truffière. Il nota celles qui étaient les plus mouillées.
Pour les assainir complètement, il y creusa des rigoles
de drainage dont le produit trouva un écoulement facile
par le canal de ceinture, et ensuite par le fossé de vidange. C'est ainsi qu'à l'aide d'une méthode qui très-
probablement n'avait point encore été appliquée aux
truffières, il parvint à triompher de l'humidité qui leur
est si préjudiciable. Cette lutte fut à peu près la dernière qu'il eut à soutenir contre les phénomènes météorologiques. Aujourd'hui, les mesures si sagement prises à
Puits-du-Plant le mettent à l'abri de l'humidité et lui permettent de combattre avec avantage la mauvaise influence
de la sécheresse.

On le voit donc, le drainage diffère essentiellement de
l'irrigation lorsqu'il s'agit d'appliquer l'un ou l'autre de
ces procédés aux truffières. Si l'on veut qu'il soit utile
aux chênes et à la truffe, le drainage doit être le plus
complet possible, tandis que l'irrigation devra être aussi
légère que possible, en se rapprochant de la couche d'eau
marquée par le pluviomètre. Moins il restera d'eau
dans le sol d'une truffière, plus on aura assuré l'avenir
des chênes et des récoltes de tubercules; au contraire,
plus les arrosages seront faibles, plus ils seront favorables
à la truffière.

Avant de conclure, une dernière recommandation aux praticiens, devraient-ils nous accuser de revenir trop souvent sur les mêmes idées. En fait d'irrigation et de drainage, ils devront bien se garder de prendre pour règle absolue ce qui s'est passé à Puits-du-Plant. D'abord, parce que cette truffière est naturellement humide, tandis que la majeure partie des autres situées sur des pentes ardues, sur un sol aride, n'ont jamais besoin de drainage ni d'assèchement; ensuite, avant d'entreprendre une opération de cette nature, ils feront bien de s'enquérir des lois qui doivent y présider et de noter exactement tous les faits que l'expérience leur révèlera. C'est pourquoi, en terminant ces deux sujets qui comptent peu de précédents, nous disons: Étudiez, observez, avant de vous lancer dans des entreprises encore trop peu connues, qui peuvent exiger beaucoup de capitaux et ne donner que de minces résultats.

CHAPITRE XIV

Restauration des vieilles truffières.

Lorsqu'il s'agit de cultures permanentes, depuis long-temps abandonnées à elles-mêmes, et que l'on veut ré-tablir, convient-il de les faire disparaître complètement pour leur en substituer de nouvelles, ou est-il préférable de les restaurer par des travaux bien entendus? Suppo-sons une vigne, la plus haute expression des cultures permanentes; on lui donne à peine les façons indispen-sables ; on la laisse se dégarnir de ceps; les mauvaises herbes, les ronces l'envahissent; le sol s'appauvrit chaque jour. De luxuriant qu'il était, son aspect est devenu mi-sérable. Que faire pour rendre à cette vigne sa vigueur d'autrefois, pour ramener les abondantes récoltes dispa-rues? Faut-il l'arracher complètement et lui substituer une plantation nouvelle, ou bien doit-on se borner à de simples réparations? Les deux systèmes peuvent con-duire au même résultat. Seulement, il nous faut deman-der quel sera le plus économique, celui qui nous mènera le plus rapidement au but. Il y a là une double question de temps et de capital que l'on devra mûrement peser avant de la résoudre. On devra également tenir grand compte des circonstances locales.

Le rétablissement d'une vieille vigne doit-il coûter plus cher que l'arrachage et la replantation à nouveau? C'est un calcul à faire. Partout où le provignage réussit, il vaudra mieux y recourir. Cette opération ne demande que deux années pour remplir les vides et donner des ceps à peu près adultes. Se débarrasser des mauvaises herbes et des ronces n'est qu'une question de main-d'œuvre. Il en est de même des fumures et des terreautages. En suivant cette méthode, on marchera très-certainement plus vite que par la replantation à nouveau. Lorsque, au contraire, le provignage n'est point possible et que le sol est évidemment fatigué, l'arrachage est le seul moyen qu'on doive suivre. Il faut laisser se reposer la terre en lui donnant d'autres cultures pendant un certain nombre d'années, puis revenir à la vigne, qui alors se trouvera dans d'excellentes conditions. Mais ce système, imposé par les circonstances locales, sera certainement plus coûteux et demandera plus de temps.

Les truffières, lorsque le sol et l'exposition ne laissent rien à désirer et que leur exploitation a lieu suivant les règles que nous avons tracées plus haut, sont des propriétés tout aussi précieuses, tout aussi productives que les meilleures vignes. C'est pourquoi, aujourd'hui que la trufficulture devient un art raisonné, tous les bois de chêne abandonnés à eux-mêmes, de temps immémorial, devraient être soumis à une restauration complète. Ce serait là un moyen certain d'en accroître considérablement les produits, sans qu'il en coûtât trop de frais. D'ailleurs, le précieux tubercule prend tous les jours sur le marché une telle faveur, qu'en négligeant nos conseils, les propriétaires se priveraient d'un surcroît de revenu qui doit les enrichir.

Ici, comme pour la restauration de la vigne, on peut suivre l'un ou l'autre des deux systèmes. Mais nous ne pensons pas que l'arrachage et la replantation des chênes doivent prévaloir. On peut rendre aux vieilles truffières leur fécondité primitive par d'autres procédés que ceux qui conviennent à la vigne. Le recépage par le pied est un moyen héroïque et peu coûteux pour opérer ce miracle. Il est beaucoup plus simple, beaucoup plus économique que le provignage de la vigne, et après quatre ou cinq ans, il donne des rejets d'une grande vigueur dont les radicelles se mettent promptement à fruit. Le rajeunissement d'une vieille truffière est donc un expédient facile à exécuter et qui n'exige pas des avances de fumier, de main-d'œuvre, comme le rajeunissement de la vigne. Le recépage donne du bois qui paie tous les frais. Ce qui doit coûter plus cher que le recépage, c'est le nettoiement du sol, que nous savons être couvert d'arbustes, d'herbes parasites, de débris de toutes sortes. Mais, ici encore, les produits qu'on en retirera indemniseront amplement de la dépense. Il resterait tout au plus à la charge du propriétaire les frais de labour, et encore, la plupart du temps, ils devront être payés sur le prix de vente des bois et des litières.

Supposons maintenant que l'on préfère l'arrachage des vieux arbres et leur remplacement par de jeunes semis : ce système exigera de plus fortes dépenses et un plus long terme avant de pouvoir rembourser le capital engagé. L'arrachage d'un bois est une opération difficile et coûteuse ; c'est à peine si la dépense pourrait être couverte par les produits de la surface. D'un autre côté, nous savons combien il a fallu de temps aux truffières de M. Rousseau avant de donner un revenu sortable. C'est seulement à partir de la dixième année qu'il commence à compter.

Pendant cette période, le capital dépensé ne rapporte aucun intérêt et, par conséquent, il s'accroît au moins de 50 p. 100. Une telle charge, grevant l'opération, la rendrait certainement moins avantageuse. Il faudra donc s'en tenir au premier système : la restauration de la vieille truffière, qui est plus simple, plus économique et qui, après quatre ou cinq années d'attente, doit donner de pleines récoltes.

L'état dans lequel se trouvent les vieux bois de chênes truffiers est très-difficile à décrire. Pour en retracer un fidèle tableau, il faudrait les avoir parcourus tous, les uns après les autres. N'ayant pu le faire, nous en avons néanmoins visité d'assez vastes étendues pour pouvoir en présenter un aperçu à vol d'oiseau. Mais quelque rembrunie qu'elle puisse paraître, notre description restera encore bien au-dessous de la vérité.

Lorsqu'on parcourt la partie truffière de la Dordogne,

par exemple l'arrondissement de Sarlat, elle offre une succession de vallées et de coteaux qui rompent la monotonie du paysage. Au fond des vallées coulent de petites rivières, le long desquelles s'étalent de vertes prairies. Les coteaux ont l'air misérable ; le sol qui les compose est le plus souvent de roche ; il est recouvert par une couche végétale peu épaisse, de couleur rougeâtre, mélangée en partie de cailloux roulés. C'est dans cette couche, d'une faible valeur agricole, que croissent une multitude d'essences forestières, parmi lesquelles il faut compter le chêne vert, le chêne blanc, le bouleau, le pin sylvestre et d'autres encore. Les unes sont à l'état de taillis de médiocre apparence, les autres à l'état de futaies malingres. Les broussailles difficiles à pénétrer y occupent une large place. De vieilles souches abrouties complètent cet ensemble. Ces essences, à l'air souffreteux, sont envahies par les ronces, les genêts, les genevriers et une multitude d'autres arbustes forestiers qu'il serait trop long d'énumérer. Des plantes parasites qui se montrent seulement sur les sols de mauvaise nature, la fougère, l'ajonc, la bruyère, remplissent une partie des vides et forment une sorte de produits que l'on recherche pour la fabrication des engrais, beaucoup trop rares en cette région. De nombreux débris de végétaux que l'on a négligé de cueillir gisent à la surface et entravent la marche. La plupart d'entre eux se trouvent dans un état de décomposition avancée. La surface du sol est bouleversée par des fouilles que pas un ne songe à niveler :

ici des creux, là de petites buttes de terre qui sont l'œuvre de la truie ; ailleurs des monceaux de pierre que le hasard seul a disposés. Dans toutes les directions, des sentiers qui se croisent et déroutent le chasseur ; dans les parties basses, de petits ravins qui mettent à nu les racines des chênes et laissent voir parfois les truffes qui y adhèrent. Ajoutons, pour compléter le tableau, que ces bois sont journellement parcourus par des bandes de moutons qui viennent y tromper leur faim ; or, ces troupeaux, par leur piétinement aigu, rendent cette terre déjà maudite encore plus aride. Quelques places ont l'aspect tellement sauvage qu'on se croirait très-loin de toute civilisation.

Ces bois offrent l'image du désordre, nous dirions presque du chaos ; ils attestent l'incurie des propriétaires, qui ne songent jamais à leur donner les moindres soins. Jusqu'à présent, ils se sont bornés à recueillir les produits naturels qui poussent spontanément sur cette terre qu'ils semblent dédaigner.

Pourquoi les essences qui ne donnent pas de truffes disputent-elles l'espace aux chênes qui en fournissent abondamment? Pourquoi toute cette végétation parasite qui épuise le sol, et dont il serait pourtant si facile de le débarrasser? Pourquoi ces massifs serrés que tous les trufficulteurs savent être improductifs, alors qu'il serait possible de les rendre fertiles? C'est ici que la science nouvelle, basée sur l'observation, vient en aide à la pratique et lui révèle les moyens certains de s'enrichir. Voyons donc à l'aide de quels expédients on pourrait restaurer les vieilles truffières épuisées et leur donner une grande force productive.

Nous avons énuméré plus haut les différentes essences qui donnent de la truffe; nous avons établi que les plus précieuses de toutes étaient les quercinées. Ce genre, en effet, offre le double avantage d'être très-productif et de bien se prêter au reboisement des terres incultes de la zone méridionale. Donc, la première chose à faire, lorsqu'on voudra restaurer une vieille truffière, sera d'en éliminer toutes les essences qui n'appartiennent point à cet ordre : en conséquence, il ne faudra conserver que les kermès, les yeuses, les chênes verts, les chênes blancs, les chênes noirs, tous ceux enfin dont nous avons déjà donné la liste. Les autres essences, bien que truffières, telles que le bouleau, le hêtre, le charme, le noisetier, doivent être arrachées, parce qu'elles conviennent bien moins au climat méridional, et que, d'ailleurs, leurs produits accessoires n'ont point l'importance de ceux que donne le chêne. A plus forte raison devra-t-on faire disparaître toutes les essences qui ne sont pas truffières et qui, dès lors, occupent inutilement le sol. La première opération doit consister à les abattre et à déraciner leurs souches; plus tard, le propriétaire intelligent devra observer avec soin toutes ses plantations de chênes; il imprimera sur chaque sujet une marque particulière indiquant son degré de fertilité et aura soin de supprimer ceux qui seront stériles.

Dans les arrachages, devront également être comprises les vieilles touffes de chênes abrouties qui ne pourront plus fournir de rejets utiles, ainsi que tous les arbustes qui occupent une partie des vides et absorbent les principes fécondants de la couche végétale au détriment des chênes truffiers.

Cette première partie de l'opération terminée, il ne restera plus sur le sol que les futaies, les taillis et les brins de chêne: toutes les autres essences forestières auront disparu. Il en sera de même des plantes adventices et des débris de toutes sortes en décomposition; les portions de la surface occupées par cette végétation nuisible aux arbres truffiers leur auront cédé la place, et les chênes commenceront à être parfaitement nettoyés.

La seconde partie de l'opération consistera à niveler le sol, c'est-à-dire à faire disparaître les creux, les tas de terre et de pierre qu'on y remarque, à combler les petits ravins, à supprimer les sentiers, à défendre le parcours des troupeaux. Les maraudeurs, lorsqu'ils fouillent la truffe, se gardent bien de combler les petits creux qui résultent de leurs recherches; ils sont trop pressés d'agir pour avoir ces précautions; et, d'ailleurs, que leur importe la bonne ou la mauvaise tenue d'une terre qui ne leur appartient pas? Les fouilleurs munis d'un contrat de location ne se montrent guère plus diligents: dans leur négligence inexcusable, les propriétaires ne les obligent jamais à rétablir les terres en l'état où ils les reçoivent; il s'ensuit que les excavations augmentent d'année en année et que le désordre est bientôt à son comble. Mais toute excavation entraîne un rejet de terre qui s'accumule à la surface et forme de petits monticules disposés au hasard tout autour des arbres truffiers; ces monticules et les creux qui les accompagnent offrent l'image de la confusion; ils ont le double inconvénient de mettre à nu une partie des radicelles et de recouvrir les autres en excès: alors il arrive que presque toute cette place est perdue pour la production. Si les propriétaires veulent la rétablir en entier, il faut que, dans leurs contrats avec les fouilleurs, ils les obligent à combler les excavations faites par la truie et à niveler les monticules qui en proviennent. Les chênes se trouveront très-bien de ce travail, et, par de meilleures récoltes, récompenseront les faibles dépenses qu'il réclamera.

Les pierres, lorsqu'elles couvrent le sol d'une épaisse couche, ont plus encore que les creux et les monticules l'inconvénient de rendre le terrain stérile. On cite, il est vrai, des truffières où se trouvent des pierres éparses aux pied desquelles on récolte des tubercules. Mais ce sont là des exceptions. Partout où la couche en est trop forte, les fouilles ne peuvent avoir lieu; et y aurait-il au dessous le plus riche filon, qu'il serait impossible de l'exploiter. Dans cette situation, que doit faire un propriétaire diligent? Ramasser ces pierres et en former des tas réguliers; il gagnera de la sorte une partie de l'espace qu'elles occupaient improductivement. Ces opérations peuvent être exécutées en hiver, lorsque les valets de ferme demeurent oisifs. On peut aussi les donner à l'entreprise, pour de faibles sommes, aux gens nécessiteux. C'est de cette façon que les vieux bois abandonnés perdront leur aspect sauvage. Au reste, lorsqu'il n'y aura pas de longs transports à opérer, on pourra, avec une partie des pierres, combler les ravins qui existent dans les bas-fonds. On se débarrassera ainsi de matériaux inutiles, et on éloignera les agents destructeurs qui grandiraient avec le temps.

La suppression des sentiers beaucoup trop nombreux qui sillonnent les bois de chênes offre aussi un véritable intérêt. Ces sentiers, en tassant le sol, empêchent la truffe de s'y former. On sait en effet qu'il faut à ce tubercule une terre bien ameublie, parfaitement poreuse, et qui puisse absorber la rosée de chaque jour. Tous les espaces qui sont occupés par les sentiers se trouvent donc complètement soustraits à la production. C'est là une perte qu'il convient d'atténuer par un labour général et en défendant l'accès des bois à tous ceux qui les traversent indûment. Le complément de ces mesures réparatrices est la suppression du parcours des troupeaux. Les troupeaux sont en effet doublement nuisibles. D'abord ils broutent les jeunes pousses de chêne et empêchent les repeuplements ; ensuite, et ceci est plus grave encore, avec son pied pointu, le mouton tasse le sol, le durcit comme pierre, surtout lorsqu'il vient de pleuvoir, et rend impossible le travail des mouches. A quoi bon labourer les bois, si après les façons on y introduit des troupeaux? Quelques jours à peine leur suffisent pour former un plancher extérieur sur la couche végétale, et alors la récolte des tubercules, qui doit être le principal aujourd'hui, redeviendra l'accessoire, comme jadis. Mais si cette branche importante de revenus vient à manquer, on en sera réduit aux autres produits du chêne qui, comparativement, sont minimes, et le reboisement ne sera plus qu'une déception pour ceux qui voudront l'entreprendre. N'oublions jamais ce qu'a dit M. Bedel : que la truffe doit être le pivot de cette grande mesure et en hâter l'accomplissement par les profits qu'elle doit donner. Il faut donc, si l'on veut réussir, prendre toutes les précautions indiquées par l'expérience, et comme l'expérience démontre que la truffe aime les sols ameublis, il convient d'expulser les troupeaux des bois qui la produisent.

Une fois les chênes débarrassés des essences qui les gênent et le sol redevenu parfaitement libre, il faut s'occuper de l'aménagement des truffières. Il ne suffit point, en effet, que les chênes soient disposés au hasard sur le sol pour qu'ils deviennent productifs. Il faut encore qu'ils soient conduits et dirigés suivant les règles que la pratique est en train de consacrer. Or, quelle est la première, la plus importante de ces règles? Sans revenir sur les détails que nous avons déjà donnés longuement, nous nous contenterons de présenter ici le résultat acquis par l'expérience.

Tous les propriétaires savent que les truffes ne se forment point dans les massifs serrés. Que faudra-t-il donc faire pour ramener la production dans les futaies et dans les taillis qui opposent à l'air et au soleil des fourrés impénétrables? Il faudra les éclaircir par l'arrachage des souches. Là est toute la solution du problème. Mais ces éclaircies devront être exécutées selon certaines méthodes encore peu connues, et qu'il importe de divulguer. L'arrachage des souches devra être dirigé de manière à former des allées entre lesquelles on puisse passer avec la charrue. Ces allées, suivant la disposition du sol, devront avoir de 10 à 15 mètres de largeur. Dans le sens opposé, on arrachera également les souches, de façon à ce que les touffes de chênes ou de futaies aient une distance suffisante pour recevoir les rayons du soleil, et que l'ombre de l'une ne se projette pas sur l'autre durant toute la journée. Les allées longitudinales et les allées transversales devront être labourées au mois d'avril. On achèvera à la main les parties que la charrue ne pourra pas atteindre. On remplira les vides, soit par des semis, soit par des repiquements. On pratiquera encore les élagages sur les futaies et sur les arbres épars, lorsque cette opération deviendra nécessaire.

Mais il faudra éviter que les élagages coïncident avec le mouvement de la sève qui doit former la truffe. Si l'on ne tenait pas compte de cette circonstance, on porterait une grave atteinte à la récolte.

Enfin, lorsqu'on aura des chênes épuisés, avant de les arracher, on pourrait essayer d'un expédient qui donne presque toujours de bons résultats. Il faudrait les recé-

per par le pied. Le chêne aurait ainsi devant lui quelques
années de repos et pousserait sans doute des rejets qui
finiraient par faire des arbres vigoureux donnant des
truffes en abondance. Dans l'hypothèse où le recépage
viendrait à ne pas réussir, il faudrait sans retard procéder à l'arrachage des vieilles souches.

Ainsi : éclaircir les futaies et les taillis; ouvrir des allées
et des contre-allées pour leur donner de l'air et du soleil;
labourer, herser, sarcler avec soin les entre-lignes; élaguer en temps opportun les arbres trop chargés de branches; recéper par le pied les vieilles écorces épuisées :
telles sont les opérations que doivent exécuter les propriétaires lorsqu'ils veulent restaurer leurs vieux bois de
chênes truffiers.

Jusqu'ici la transformation n'a porté que sur des éléments du domaine matériel et qui sont en la puissance du
trufficulteur. Mais les phénomènes météorologiques lui
échappent, et tout ce qu'il peut faire pour en atténuer la
pernicieuse influence ne consiste qu'en des palliatifs.
Qu'importe toutefois, pourvu que ces palliatifs sauvent
une partie de ses récoltes mises en danger? Le but n'en
sera pas moins atteint. Ainsi, supposons une année très-
sèche. Il ne pleut pas durant les mois de juillet, d'août
et de septembre, époque présumée où doit se former la
truffe; la pluie est cependant indispensable. Que faire
pour y suppléer? Établir, si c'est possible, un système
d'irrigation, et user de ce moyen avec tous les ménage-
ments que nous avons indiqués. Mais supposons qu'il n'y

ait pas de prise d'eau possible. Faudra-t-il alors perdre tout espoir de sauver au moins une partie de la récolte? Non, assurément. Les sarclages et les hersages, répétés pendant toute la période que nous venons de fixer, ne remplaceront pas certainement une irrigation rationnelle; mais ils contribueront beaucoup à diminuer les effets de la sécheresse.

Supposons, au contraire, que l'année soit très-humide. Nous savons que l'humidité ne convient pas à la truffe et qu'elle la fait pourrir. Comment nous y prendre alors pour contrebalancer l'influence de ce météore? C'est en faisant écouler rapidement de la surface les eaux qui tombent du ciel. Or, quels sont les moyens qui s'offrent pour résoudre ce problème? Ils sont simples et très-connus. Il devra suffire d'ouvrir dans la truffière des canaux d'assèchement et d'y pratiquer des rigoles de drainage. Les drains absorbent aussitôt la pluie qui tombe à la surface, et les canaux d'assainissement les écoulent sans retard. C'est ainsi que les tubercules seront garantis contre un excès d'humidité et pourront, sans trop pâtir, arriver sains et saufs au terme de leur existence.

Un dernier météore peut aussi porter une grave atteinte à la truffe et en faire périr une partie : nous voulons parler de la gelée. Par exemple, durant l'hiver de 1868, la couche végétale, jusqu'à 35 centimètres de profondeur, ne formait qu'un bloc de glace. C'est dans cette couche que végétaient les tubercules. L'homme dispose-t-il de moyens pour les empêcher d'être pris par la gelée? Non, évidemment; mais il pourrait, par des fouilles répétées presque tous les jours, réduire considérablement l'action du météore. Voilà comment la science et l'observation viennent au secours de la pratique.

D'autres obstacles inhérents à l'ignorance des propriétaires ou à des usages depuis longtemps établis retiennent la trufficulture à l'état d'enfance. Tant que cette ignorance subsistera et que ces usages ne seront point réformés, il ne faut guère espérer que l'on procède un peu en grand à la restauration des vieilles truffières. Cependant ce serait là un progrès très-favorable à l'agriculture méridionale, plus favorable peut-être encore à la cause du reboisement. Il serait donc à désirer que les propriétaires intelligents devinssent nos auxiliaires, en prêchant eux-mêmes par l'exemple. Mais il faut qu'avant de transformer leurs bois de chênes, ils répriment énergiquement le maraudage, jusqu'ici le plus grand obstacle au progrès. Bien que de ce côté-là ils éprouvent une vive résistance, la victoire ne peut manquer de leur appartenir.

Tel est l'ensemble des mesures que nous proposons aux propriétaires amis du progrès et de leur pays, pour la restauration de leurs vieilles truffières. A l'aide des moyens que nous venons d'exposer et de ceux qu'ils trouveront dans ce livre, ils résoudront ce beau problème d'économie rurale. Ajoutons pour conclure que le doute n'est plus permis après les nombreux faits que nous venons de rapporter. En tenant compte du sol et du climat, qui

12.

sont les suprêmes arbitres en cette matière, on peut aujourd'hui produire aussi facilement de la bonne, de l'excellente truffe, que l'on produit du blé, du vin et toutes les denrées agricoles.

CHAPITRE XV

Exploitation des truffières.

Les bois de chênes qui donnent de la truffe, comme certaines personnes le pensent, ne sont point soumis à une législation particulière. Ceux qui les détiennent se trouvent aussi bien propriétaires de la surface que du fonds et du tréfonds. Les chênes qui les couvrent, comme les truffes qui sont cachées dans la couche végétale, leur appartiennent en pleine propriété. Nul n'a le droit de pénétrer sur ces sortes d'immeubles, ni de s'emparer des produits qu'ils recèlent.

Jusque dans ces derniers temps, on n'avait regardé la truffe que comme un accessoire de peu de valeur, et qui ne méritait guère les soucis du franc tenancier. C'est pourquoi sa cueillette était en quelque sorte abandonnée aux maraudeurs. Ceux-ci considéraient la tolérance qu'on avait pour leurs actes comme un droit dont, à leurs yeux, il était difficile de les dépouiller. Ils pensaient que la recherche de la truffe était de la même nature que les droits primordiaux qui existaient à l'origine des sociétés civiles. Ces droits, dont on retrouve encore de nombreux vestiges dans notre civilisation, étaient la chasse, la pêche, la cueillette et le parcours. On sait ce que sont devenus la chasse et la pêche. Le parcours est réglementé par la loi du 28 septembre 1791. Quant à la cueillette, elle existe encore sous les noms de glanage, de ratelage, de grapillage, etc. ; mais elle ne repose que sur d'anciennes coutumes reconnues par nos lois modernes. Tous ces démembrements de la propriété, que d'autres appellent des servitudes réelles, étant une dérogation au droit commun, ne peuvent plus s'exercer qu'en vertu de réglements particuliers édictés par les maires.

Au nombre de ces dérogations ne figure point le droit de fouiller les truffières, que les maraudeurs s'arrogent dans presque tous les pays de production. C'est donc à tort que clandestinement, la nuit surtout, ils parcourent les bois de chênes et s'approprient les tubercules qu'ils peuvent en extraire. Il y a là un abus, nous dirions un véritable vol, trop longtemps toléré et que la justice commence à poursuivre avec rigueur. C'est de Sarlat, dans la Dordogne, qu'est partie la répression. Lors du voyage que nous fîmes dans cette ville au mois de janvier 1868, nous eûmes à ce sujet une conversation très-intéressante avec M. le procureur impérial. Cet honorable magistrat nous fit connaître que dans tout le Sarladais, pays qui produit la meilleure truffe du Périgord, les *caveurs* ou chercheurs ne considéraient pas le maraudage comme un acte illicite, prévu et puni par le Code pénal ; qu'à leurs yeux c'était bien plutôt un droit semblable au glanage après la moisson et au grapillage après les vendanges. Seulement, ils ne réfléchissaient pas qu'en voulant établir un point de comparaison entre deux choses aussi différentes, ils tombaient dans une grave erreur. Le glanage ne porte en effet que sur les épis échappés aux moissonneurs, tandis que le cavage, c'est-à-dire la recherche des truffes, comprend la récolte entière. Est-ce que, sous un vain prétexte, les glaneurs pourraient s'introduire dans un champ couvert de moissons et se les approprier? Ceux qui agiraient de la sorte seraient punis comme des larrons.

Vainement les caveurs invoquent à leur profit la longue tolérance des propriétaires. Cette tolérance aurait-elle plusieurs siècles, qu'elle ne pourrait se convertir en titre régulier. Du jour où les propriétaires veulent la faire cesser, ils rentrent dans la plénitude de leurs droits. C'est en se basant sur cette saine interprétation du Code civil que le tribunal de Sarlat prononce chaque année des condamnations nombreuses. Les *caveurs*, dès le début, ont trouvé cette jurisprudence beaucoup trop sévère; mais à la longue ils comprendront qu'elle est juste. Le nombre des maraudeurs diminuera de jour en jour. Cette réforme dans les habitudes des caveurs était d'autant plus urgente qu'avec les chemins de fer, la truffe acquiert chaque jour un plus grand prix et que, d'accessoire infime qu'elle était jadis comme produit des bois de chêne, elle en devient le principal revenu.

Le maraudage, jusqu'ici, est ce qui a le plus empêché les propriétaires d'améliorer leurs truffières. Pourquoi auraient-ils fait des plantations nouvelles et les auraient-ils soumis à une culture raisonnée, lorsqu'ils n'étaient pas sûrs que la récolte dût leur revenir? Pourquoi auraient-ils restauré les vieux bois de chênes épuisés, sans espoir que cette dépense dût augmenter leurs revenus? Et pourtant, n'y avait-il pas un intérêt agricole majeur, une véritable utilité sociale, à ce que toutes les terres dénudées, aujourd'hui stériles, se couvrissent de chênes vigoureux et donnassent des produits que toute l'Europe recherche avec empressement et qu'elle paie au poids de l'or? Le tribunal de Sarlat a donc été bien inspiré lorsqu'il s'est mis à poursuivre les caveurs surpris en flagrant délit de maraudage. Le parquet qui a pris l'initiative mérite les plus grands éloges.

Il est à espérer que cette jurisprudence sera bientôt appliquée par tous les tribunaux des centres producteurs et que, d'ici à quelques années, le maraudage ne sera plus que de l'histoire ancienne. Alors les propriétaires pourront employer une partie de leurs épargnes à créer des truffières artificielles partout où le sol et l'exposition seront convenables, et faire dans leurs vieilles truffières des travaux d'amélioration qui les rendront plus productives. Ne perdons jamais de vue que la trufficulture touche par tous les côtés au reboisement, et que planter des chênes truffiers, c'est pousser à la restauration de notre climat que les déboisements ont perverti.

Qu'ont fait les maraudeurs lorsqu'ils se sont vus sous le coup de poursuites incessantes? Ils ont voulu donner le change à la justice et aux gardes champêtres chargés de les surveiller, en substituant le chien à la truie pour les fouilles. La truie est un animal qui n'est point vif à la course et que l'on peut difficilement soustraire à la vigilance d'un œil exercé. Le chien, au contraire, se sauve très-vite ; il est plus docile aux commandements et se dérobe sans qu'on l'aperçoive. Il est vrai que peut-être il n'est pas aussi expert dans l'art de faire des fouilles que la truie et qu'il avance moins vite en besogne ; mais qu'importe ? le caveur ne compte pas avec le temps. Ses recherches seraient-elles moins productives, lui faudrait-il aider son fidèle auxiliaire, que le métier serait encore lucratif. C'est pourquoi il persiste à faire la maraude. En présence de cette obstination coupable, de ces ruses mal déguisées, les gardes redoublent de vigilance ; les procès-verbaux pleuvent dru comme grêle, et les condamnations sont plus sévères que jamais. C'est à ce point qu'en était la question lors de notre voyage à Sarlat. Les *caveurs* persisteront-ils dans leur industrie coupable ? Nous ne pouvons l'admettre ; bientôt, il faut l'espérer, ils ne contesteront plus aux propriétaires un droit qui leur appartient à si juste titre.

Les modes d'exploitation peuvent se réduire à trois : le fermage, l'entreprise, le faire-valoir Le fermage est le moins rémunérateur pour le propriétaire. Le *caveur*, qui connaît la force productive de chaque bois, déprécie celui qu'il veut affermer. Le propriétaire, qui ne connaît pas ses chênes et qui ne peut en apprécier la fécondité, en cède l'exploitation pour un loyer misérable. Le plus souvent, on le paie en nature. Devenu fermier, le *caveur* exploite comme il l'entend; presque toujours, ses bénéfices sont considérables. On nous en a cité dans la Dordogne qui, pour un loyer de 60 fr., retiraient un revenu brut de 1,000 à 1,200 fr. L'ignorance des propriétaires est si grande en cette matière, qu'il existe dans la Dordogne toute une classe de petits cultivateurs à leur aise, dont la fortune vient du *cavage* des truffières.

L'exploitation par entreprise est peu usitée. On donne par jour une somme convenue à un praticien; celui-ci est accompagné de sa truie, que le propriétaire doit nourrir. A Sorges, M. le marquis de Mallet, qui suit ce système, paie 3 fr. par journée; mais on estime dans les environs que pour 2 fr., plus la nourriture de la truie, il pourrait en être quitte.

Le faire valoir est peut-être le système qui donne le plus de profit; seulement, bien peu de personnes le pratiquent. Dans une ferme exploitée directement, il est toujours facile en hiver de détacher du service un ou deux hommes, et de les employer à faire des fouilles. Cette main-d'œuvre coûte moins cher que celle d'un tâcheron. Dans une ferme, il y a presque toujours des truies que l'on peut consacrer à ce service. Ces truies, tout en cherchant des truffes, donnent deux portées par an et rendent beaucoup plus qu'elles ne coûtent. Les fouilles par le faire valoir nous paraissent donc bien plus économiques que par les deux autres systèmes.

Combien coûte l'exploitation d'un hectare de truffières, culture et fouilles comprises? Cette dépense varie suivant les centres de production. Dans Vaucluse, le labour revient à 36 fr.; l'extraction de la truffe exige vingt-huit journées de travail à 3 fr. 50 l'une, ce qui fait 98 fr.; la truie paie plus que sa nourriture par ses deux portées. Un hectare coûte donc 134 fr. de frais d'exploitation. A cette somme, il faut ajouter les hersages et les sarclages lorsqu'on en donne, et les frais de l'irrigation lorsqu'elle est possible. Ces façons supplémentaires ne reviennent pas à plus de 22 fr., soit au total 156 fr. pour la culture complète. Nous ne parlons pas des élagages, des éclaircies, ni des recépages, parce que ces opérations rapportent beaucoup plus qu'elles ne coûtent. Nous ne portons également que pour mémoire la taille de la vigne, lorsqu'elle est intercalée, parce que les sarments la paient et au-delà. Les frais de vendanges doivent venir en déduction de la vente du vin.

Dans la Dordogne, la façon à la pioche donnée au mois d'avril coûte 35 fr.; le hersage et les sarclages y sont inconnus. Il en est de même des arrosages. L'extraction des tubercules réclame trente journées que l'on paie 3 fr. l'une à Sorges, ce qui fait 90 fr. La dépense totale est donc de 125 fr. par hectare. Entre les deux centres producteurs, la différence est peu sensible.

Quelle est maintenant l'augmentation de produits que les façons peuvent procurer? Il serait assez difficile de les évaluer en poids et en argent; mais tous les praticiens reconnaissent que les frais d'exploitation ne sont qu'une fraction minime du surcroît de récoltes. En cette matière, une culture soignée doit fournir les mêmes résultats que lorsqu'il s'agit des céréales ou de la vigne. Une vigne bien travaillée donne beaucoup plus de vin et de meilleure qualité qu'une vigne laissée à l'abandon. Les truffières ne font point exception à cette règle. Comme toutes les autres cultures, elles remboursent largement les capitaux qu'on leur consacre.

La recherche des truffes a lieu de quatre manières : à la truie, au chien, à la mouche et à la marque.

La truie est l'instrument classique par excellence. Elle évente le tubercule jusqu'à cinquante mètres. Aussitôt qu'elle le sent, elle se dirige sur les lieux, et avec son groin elle creuse tout autour de l'endroit où il est enfoui. Lorsqu'elle rencontre des pierres, elle les rejette au loin. D'un seul coup de groin elle abat la motte où se trouve la truffe et son conducteur n'a plus alors qu'à s'en emparer. Il n'es pas vrai qu'elle la dévore. On cite des truies qui les rapportent après chaque extraction ; le conducteur lui donne un gland pour la récompenser. M. Ravel a décrit avec beaucoup de soin les quatre moyens employés pour découvrir la truffe. Il place, et avec juste raison, la truie au premie rang ; mais bien à tort il prétend qu'il existe des race truffières. Tous les sujets de l'espèce porcine peuvent être propres à ce genre de recherches ; seulement il doivent y être préparés. Malgré cette éducation, il en es qui, faute d'odorat, ne peuvent jamais servir.

On emploie la femelle de préférence au mâle, parce
que durant l'été on lui fait produire des petits, et
que cette portée paie et au-delà tous ses frais d'entretien. Les services qu'elle rend en hiver ne coûtent donc
rien.

La truie est toujours guidée par un conducteur; elle
obéit à sa voix et à son geste; elle peut ainsi servir jusqu'à vingt ans. Dans les centres truffiers, une truie bien
dressée est fort recherchée. Elle se vend quelquefois jusqu'à 600 ou 800 fr. Il en est qui sont aveugles et qui, par
le seul sens de l'odorat, se conduisent très-bien sur le terrain; nous en avons vu plusieurs atteintes de cette infir-
mité qui opéraient tout aussi bien que celles ayant conservé
l'organe de la vue.

Existe-t-il des truies truffières, c'est-à-dire qui plus
que d'autres soient aptes à ce service? A nos yeux, il
n'y a rien d'extraordinaire à ce que des familles de truie
se reproduisent avec leurs qualités, encore que ces aptitudes seraient le résultat de l'éducation. Dans l'espèce canine,
lorsqu'on veut un chien bon chasseur, on le prend dans une
famille qui se distingue par cette qualité. Il est passé à l'état
de proverbe que *bon chien chasse de race*. Pourquoi n'en
serait-il pas de même de la truie, lorsque depuis un grand
nombre de générations ses ascendants se sont distingués
par leur aptitude à découvrir la truffe?

Plusieurs circonstances paralysent l'odorat de la truie;
ce sont : l'humidité après une grande pluie, un fort dégel
et un grand vent. Ces circonstances paralysent également

l'odorat du chien et s'opposent aux fouilles lorsqu'on fait usage de ce quadrupède.

La recherche au chien peut être substituée à la recherche à la truie; mais ce moyen est beaucoup plus imparfait que l'autre. Si le chien a l'odorat tout aussi fin que la truie, il ne dispose pas des mêmes moyens pour fouiller le sol. Ce travail, il l'exécute avec ses pattes, ce qui oblige l'homme à lui venir en aide; autrement, il serait trop long à la besogne. A ce point de vue, l'emploi de la truie est bien préférable. Mais son remplacement par le chien est surtout usité dans les pays de maraudage. Comme nous l'avons déjà dit, il est bien plus facile de se soustraire aux poursuites d'un garde avec un chien qu'avec une truie. D'un autre côté, le chien peut servir à la fois à la recherche des truffes et à la recherche du gibier, ce qui lui donne une double utilité. Mais nous ne croyons pas que jamais il détrône la truie; nous croyons au contraire que celle-ci n'aura plus de rivale dès que le maraudage sera complètement extirpé et que les propriétaires auront introduit dans les bois de chênes une culture rationnelle.

La recherche à la mouche diffère complètement des deux autres. Nous avons déjà dit qu'indépendamment de la mouche truffigène, il en existait d'autres dont le rôle se bornait à dévorer le tubercule aussitôt qu'il était mûr. Ces insectes sont attirés par le parfum; ils s'établissent au dehors et forment de petites bandes qui vont et viennent de haut en bas, et qui pénètrent dans le sol lorsque les circonstances le permettent. Les fouilleurs, qui con-

naissent leurs mœurs, lorsqu'ils les voient voltiger au-
dessus du sol, sont certains qu'à l'intérieur il existe des
tubercules. Ce moyen est usité principalement en Bourgogne. Bosc, un des premiers, l'a fait connaître au monde
savant. Seulement Bosc, avec tout le monde officiel, n'a
pas su distinguer la mouche qui dévore la truffe de la
mouche qui la produit.

La recherche à la mouche est très-favorable aux maraudeurs. Il leur suffit alors, pour exercer leur industrie, d'une
petite pioche qu'ils peuvent facilement soustraire à la
vigilance des gardes. M. Bonnet ne fait que signaler en
passant ce mode d'extraction, mais M. Ravel s'en explique un peu plus longuement ; voici comment il s'exprime
à ce sujet : « Dans les environs de Grasse, on cherche
la truffe à la mouche ; mais comme elle ne voltige pas toujours, les ouvriers truffiers, pour ne pas perdre leur temps,
piochent la terre des truffières à une certaine profondeur
et enlèvent par ce moyen toutes les truffes qui s'y trouvent, grosses et petites, et comme ils coupent beaucoup
de racines traçantes, ils n'ont de récoltes de truffes que
tous les trois à quatre ans, et s'ils ne piochaient pas sur
l'emplacement des truffières, il est sûr et certain qu'ils en
auraient tous les ans. » Cette citation nous montre les
avantages de la culture superficielle et les inconvénients
de la culture trop profonde. Elle nous fait voir également
que les maraudeurs, lorsqu'ils sont guidés par la mouche
dans leurs recherches, détruisent sans utilité une partie
de la récolte présente, et tarissent pendant trois ou

quatre ans les récoltes à venir. A tous ces points de vue, le maraudage appelle une sévère répression.

Enfin, la recherche à la marque n'est en quelque sorte qu'une variéte de la recherche à la mouche. Voici seulement en quoi elle en diffère. Nous savons que l'aridité du sol au pied du chêne est une preuve de sa fécondité. Pour les hommes pratiques, toutes les fois que le terrain offre cet aspect, on est à peu près certain qu'on y découvrira des truffes. Ce qui confirme cette prévision, ce sont les petites fissures qui se forment sur la croûte extérieure, lorsqu'après les pluies d'août et de septembre les tubercules commencent à grossir. Il se passe ici le même phénomène que l'on constate dans un champ de pommes de terre, lorsque le fruit est très-près de la surface. M. Bonnet consacre quelques mots seulement à ce genre de recherches; il est néanmoins très-connu dans les centres de production et donne lieu à de nombreux actes de maraudage. En effet, pendant les mois d'août et de septembre, les maraudeurs parcourent les truffières et font des marques sur tous les points où la croûte se trouve soulevée. Au premier froid, ils reviennent, et il leur est facile avec une pioche d'extraire le tubercule.

Quelles sont les heures de la journée propres à la recherche? C'est depuis le matin jusqu'au soir, lorsqu'il s'agit de la truffe d'hiver. Quant à la truffe d'été, c'est seulement le matin jusqu'à dix heures qu'on peut procéder à son extraction. Mais il est bon d'observer que cette truffe, n'ayant pas de parfum, on ne peut employer pour la découvrir ni le chien, ni la truie. Le chercheur doit donc s'en rapporter à son instinct et à son expérience. Au reste, cette truffe a très-peu de valeur ; c'est pourquoi nous n'en parlons ici que pour mémoire.

Quelle est la durée des fouilles pour la récolte d'hiver? Elles commencent en novembre et finissent fin mars, lorsqu'on ne trouve plus dans le sol que des tubercules décomposés. Reste à nous demander si les fouilles ont lieu tous les jours ou à des intervalles plus ou moins éloignés? En fait, c'est à peu près tous les huit jours, d'autres fois tous les quinze jours seulement, que l'on ramène la truie dans les bois de chênes. Cet intervalle d'une fouille à l'autre explique pourquoi on rencontre tant de truffes gâtées, gelées ou molles. Ces avaries sont faciles à expliquer : les truffes sont mûres lorsqu'elles donnent leur parfum ; ce parfum est le seul guide de la truie. Or, voici ce qui peut arriver : le matin, la truie passe au pied d'un chêne où elle ne découvre rien ; si le soir elle y passe de nouveau, ses recherches seront fructueuses ; cela indique que du matin au soir une truffe atteint sa maturité.

Il suit de là que, pour éviter les avaries, les fouilles devraient se faire tous les jours, depuis le commencement de la saison jusqu'à la fin. Mais dans l'état actuel, avec des truffières éparses comme elles le sont, les frais de recherche coûteraient beaucoup trop cher. On se trouve donc forcé de n'y revenir que tous les huit ou tous les quinze jours ; c'est ce qui explique pourquoi on rencontre de si grandes quantités de tubercules pourris ou déjà en partie gâtés.

Les choses devront se passer autrement lorsque les truffières seront soumises à une culture rationnelle. La distance des chênes étant alors calculée de manière à ce qu'il se perde le moins de terrain possible, les espaces à parcourir pour ramasser une certaine quantité de truffes seront plus réduits. De cette manière, sans augmenter les dépenses de cueillette, on pourra y revenir plus souvent. Il en résultera que le nombre des tubercules avariés diminuera et que l'on retirera un plus grand profit des récoltes.

Ces améliorations se produiront à mesure que la demande deviendra plus vive. En effet, les débouchés n'auront bientôt d'autres limites que les points extrêmes des chemins de fer ; or, comme le centre de la production est très-circonscrit, il faudra bien que l'on perfectionne les procédés, si l'on veut répondre à toutes les demandes.

Quel est le rendement d'une truffière par hectare ? Il est très-difficile à établir, car il varie suivant la nature du sol, son exposition, l'âge des essences et la manière dont elles sont entretenues. M. Bedel affirme que les truffières de Puits-du-Plant donnent un revenu de 1,000 fr. par hectare. Telle est aussi notre opinion, à la condition, toutefois, que les chênes aient atteint leur quinzième année. Ce revenu, bien qu'on cite des exemples plus favorables encore, peut être considéré comme l'extrême limite. M. Bonnet regarde l'arrondissement d'Apt comme un des moins fertiles ; il cite les douze hectares plantés par Jean Talon et nous fait connaître que leur revenu oscille entre 1,800 et 2,000 fr. C'est à peine 180 fr. par hectare. Il est vrai que M. Bonnet ne nous dit pas si ces bois étaient tenus suivant toutes les règles. Ce produit nous paraît être le plus faible. Entre les deux extrêmes de 1,000 fr. et de 180 fr. par hectare doit se trouver le revenu moyen des truffières. Nous ne craignons pas d'affirmer que partout où on les cultivera avec intelligence, leur produit devra être au moins de 500 fr. Mais nous n'avons pas tous les renseignements désirables pour résoudre ce problème.

Reste une dernière question à examiner : c'est celle de savoir s'il ne conviendrait pas de laisser chaque année un certain nombre de chênes sans y faire des fouilles, afin d'assurer la prochaine récolte. En effet, la production de la truffe exige deux éléments distincts : d'abord le chêne, ensuite l'insecte qui pique les racines. Le chêne, on peut le multiplier à l'infini sur toutes les terres qu'il affectionne ; il n'en est pas de même de la mouche. Cet insecte ne peut venir que de la truffe qui a échappé aux recherches. Il y aurait donc un véritable danger pour la trufficulture à ce qu'on récoltât tous les tubercules. L'année suivante, la production pourrait être compromise. Mais, à ce danger très-réel, il existe, selon nous, un remède efficace. Ce remède consisterait à diviser les truf-

13.

fières en un certain nombre de lots et à laisser chaque
année, à tour de rôle, un des lots sans être fouillé.
On conçoit que le temps de repos réserverait pour
la reproduction toutes les mouches qui naîtraient du lot
en jachère.

En trufficulture, la jachère n'est pas, comme en économie rurale, un temps de repos pour le chêne, qui continue
à produire de la truffe, des glands et de la noix de galle.
Elle consiste seulement à ne point faire de fouilles dans
une partie des bois. Le but est de favoriser la multiplication de la mouche, en lui abandonnant une certaine
quantité de tubercules, qui devront être exclusivement
consacrés à la reproduction. Cette mise en réserve rappelle ce que fait l'apiculteur prévoyant, lorsqu'il laisse
dans la ruche une partie des rayons qu'il pourrait enle-
ver. Ces rayons, plus tard, lui donneront des abeilles
qui accroîtront les existences de la colonie et assureront
un ample butin pour la saison prochaine.

La jachère pourrait donc avoir une grande utilité;
mais il faudrait qu'elle eût lieu à la fois dans tous les
centres producteurs. Si je mettais en réserve une partie
de mes bois, et que mes voisins n'imitassent pas mon
exemple, qu'arriverait-il? C'est que mes mouches émi-
greraient et s'en iraient porter leur industrie chez des
propriétaires moins prévoyants que moi. Voilà pourquoi
la jachère, telle que nous la comprenons, devrait être
soumise à une règle générale.

Mais avant de pouvoir réglementer cette pratique,

il faudrait que la science officielle eût reconnu les découvertes des libres chercheurs. En cette matière, comme en beaucoup d'autres, les lois et les réglements ne peuvent être que la consécration des découvertes de la science.

CHAPITRE XVI

Commerce de la truffe.

Ce chapitre devait comprendre la liste des départements qui donnent de la truffe, l'importance commerciale de la récolte dans chaque centre producteur, les prix moyens, les procédés de préparation, les débouchés, un projet de sociétés coopératives entre les trufficulteurs, quelques vues d'économie générale, enfin la statistique des plantations de chênes truffiers. Malheureusement, la plupart des comices auxquels nous nous sommes adressé au mois de janvier 1868, pour leur demander des renseignements, ne nous ont point répondu. Nous sommes donc, en quelque sorte, réduits à nos propres ressources, en d'autres termes, à quelques notes que nous trouvons dans des brochures ou que nous avons prises nous-mêmes sur les lieux. Mais nous espérons, d'une part, que les comices auxquels nous avons envoyé notre questionnaire voudront bien nous faire parvenir leur réponse; d'un autre côté, nous comptons nous-même continuer notre enquête dans les départements que nous n'avons point encore visités. Au reste, le projet de propagande truffière qui termine ce livre facilitera beaucoup les études

des comices et leur permettra de conduire rapidement leurs informations à bonne fin.

M. le docteur Blanchard, de Carpentras, a esquissé à grands traits la géographie de la truffe. Nous allons en présenter un résumé que nos lecteurs liront sans doute avec plaisir.

Les meilleures truffes sont celles du Périgord et du bassin du Rhône, de Valence à Avignon, sur les versants inférieurs des contre-forts des Alpes. A partir d'Avignon, en remontant vers le Nord, la truffe perd de sa finesse et acquiert un arôme exagéré. Au-delà de Valence, elle n'a plus de parfum.

Le Dauphiné en produit d'assez bonnes; celles de la Drôme sont les plus renommées. On en récolte quelque peu dans l'Isère et dans les Hautes-Alpes, jusqu'à la porte de Gap. Les Basses-Alpes en fournissent beaucoup; elles sont bonnes. Mais on en trouve de meilleures dans le Var, les Bouches-du-Rhône, le Gard et l'Hérault. Vaucluse vient après le Périgord pour la qualité. Sa production augmente tous les jours; on doit l'attribuer aux nombreuses plantations de chênes qu'on y exécute.

Le Lot, une partie de la Corrèze et de Tarn-et-Garonne approchent du Périgord pour la finesse du parfum. Le Lot paraît en donner beaucoup. Le Poitou et la Saintonge ont à peu près les mêmes aptitudes que le Périgord. Toutefois, leurs produits sont moins délicats. L'arrondissement de Loudun, dans la Vienne, est aussi très-fertile; la cueillette y progresse par suite des nombreuses plantations de chênes que l'on y fait chaque année sur les terres incultes.

Revenant au bassin du Rhône et remontant jusqu'à la Saône, on trouve la Bourgogne, qui produit des truffes très-médiocres. Jamais elles ne deviennent noires ; elles sont de couleur grise et n'ont presque plus ni saveur, ni parfum. Ce qui leur manque, c'est le soleil du Midi. Montlhéry est l'extrême limite du côté du Nord où se récolte la truffe comestible ; mais là, elle est plus médiocre encore que celle de Bourgogne, bien qu'elle offre une très-belle apparence.

Dans les Pyrénées, du côté de l'Espagne, on ne fouille pas les bois de chênes. Sur le versant français, on ne les fouille que fort peu. La truffe se trouve principalement sur la rive gauche de la Garonne, cette rive qui donne les grands vins de Sauterne et du Médoc. En Afrique, notre colonie n'en fournit que de qualité très-inférieure. Le Piémont en produit de grises, de musquées, d'une saveur forte, qui souvent rappelle celle de l'ail. Le restant de la péninsule n'en donne que fort peu. On cite pourtant celles des États-Romains, qui ont une assez belle apparence, mais qui manquent de qualité. La France est donc de tous les pays du globe celui qui produit les meilleures truffes, comme il est celui qui produit les meilleurs vins. Avec les chemins de fer, nous pourrions approvisionner toute l'Europe et tirer de toutes nos mauvaises terres du Midi des revenus considérables. Du même coup, nous restaurerions notre climat que les déboisements ont si gravement perverti.

La description du docteur Blanchard n'est point complète ; elle n'embrasse qu'un certain nombre de départements truffiers ; nous avons donc essayé de compléter cette liste. Voici la note dans laquelle il peut bien encore s'être glissé des erreurs, ou qui pourrait renfermer quelques lacunes ; mais il nous sera facile d'y suppléer dans notre seconde édition. Telle est donc la liste à peu près complète de nos départements truffiers ; ce sont : l'Ardèche, la Drôme, l'Isère, les Hautes-Alpes, Vaucluse, les Bouches-du-Rhône, les Basses-Alpes, le Var, les Alpes-Maritimes, le Gard, l'Hérault, l'Aude, la Haute-Garonne, Tarn-et-Garonne, Lot-et-Garonne, la Dordogne, le Lot, le Tarn, la Corrèze, les Deux-Charentes, la Vienne, les Deux-Sèvres, l'Indre-et-Loire et la Côte-d'Or. Il y a en tout vingt-cinq départements truffiers, dont la plupart sont sans importance. La production n'est réellement considérable que dans Vaucluse, la Drôme, les Basses-Alpes, le Var, la Dordogne, le Lot, le Tarn et la Vienne.

Ce qu'il faudrait pour éclairer le praticien et le consommateur, ce serait une carte truffière du territoire. Sur cette carte, on indiquerait la nature des terrains, ainsi que la qualité des produits qui en proviennent. On y figurerait également les terrains truffiers du Centre et du Nord, bien que leurs produits ne soient pas bons ou de qualité inférieure. Avec cette carte, on pourrait se faire une idée exacte des pays de provenance et de la valeur relative de leurs truffes. Ce que nous demandons existe déjà pour bon nombre de productions ; par exem-

ple le vin, l'huile, les animaux domestiques. On ne voit
donc pas pourquoi on n'userait pas du même moyen pour
éclairer le public au sujet de la trufficulture. Aussi, nous
proposons-nous d'en réunir les matériaux et de joindre
cette carte à notre prochaine édition.

Les renseignements sur la production varient pour le
même département, suivant les personnes qui les fournissent. Nous n'avons, du reste, que Vaucluse et le Lot sur
lesquels nous possédions quelques chiffres sérieux. Voici
d'abord ceux de M. Bonnet qui concernent l'arrondissement
d'Apt et qui remontent à 1858. « Du mois de novembre,
dit-il, jusqu'à la fin de mars, les vendeurs et acheteurs,
la plupart étrangers, sont nombreux sur notre place, où
l'on voit souvent plus de 1,600 kilos de truffes étalés
dans les sacs ou dans les paniers des *rabassaires*. Une
évaluation qui n'est pas exagérée porte la vente des truffes
d'hiver à 25,000 kilos, ce qui fait rentrer une somme de
250,000 fr. dans le pays, en fixant à 10 fr. le kilog. le
prix des truffes grosses, ou moyennes, ou petites, toujours
couvertes d'une partie de terre. Cette quantité n'est pas
toute récoltée dans l'arrondissement d'Apt; on en apporte également des Basses-Alpes et du département du
Var. Les deux tiers à peu près de ces 25,000 kilos sont
achetés par des négociants de Carpentras, qui en expédient
une partie en paniers; le restant est préparé en conserves
d'après la méthode Appert, pour être vendu ensuite, à
ce que l'on prétend, sous l'*étiquette trompeuse de truffes
du Périgord.* »

M. Bonnet oublie de nous entretenir d'une fraude : il nous apprend que les truffes vendues sur le marché ont encore une couche de terre ; mais il ne nous dit pas que souvent cette couche y a été mise par le *rabassaire*.

Les chiffres du docteur Blanchard datent du mois de mars 1862. Suivant lui, le mouvement d'affaires représenterait, pour Vaucluse seulement, plus de 2,000,000 de francs. La même année, M. Rey, maire de Seaumane, nous donnait sur la production des détails fort intéressants. Les principaux marchés étaient alors Apt, Carpentras et Pertuis. Apt recevait, tant du département que des Basses-Alpes, du Var et des Bouches-du-Rhône, 40,000 kilos de truffes ; Carpentras n'en recevait que 50,000 kilos qui provenaient pour partie du Gard, de la Drôme, des Bouches-du-Rhône, du Var et des Basses-Alpes. Enfin Pertuis se trouvait réduit à 4,000 kilos. Ces 74,000 kilos de tubercules étaient expédiés en paniers à Paris, Londres, Berlin, Bruxelles, Nantes, Lyon, Marseille, etc. L'autre moitié, mise en conserve d'après les procédés Appert, s'expédiait dans toute l'Europe, en Amérique, dans les Indes, etc. M. Rey portait le prix moyen de la truffe fraîche à 10 fr. le kilo, et celui de la truffe conservée à 15 fr.

Au mois de février 1856, M. Bedel évaluait de 2 millions à 2 millions 500,000 fr. le mouvement commercial des deux marchés d'Apt et de Carpentras ; il négligeait les autres, qui sont sans importance.

M. Bonnet fils, dans une lettre qu'il nous a écrite au

mois de février 1868, prétend que le marché d'Apt reçoit de 35,000 à 50,000 kilos de truffes par année, au prix moyen de 15 fr.; une bonne récolte peut donner jusqu'a 700,000 fr. Mais dans ses calculs, il est probable que M. Bonnet comprend tous les apports des départements voisins, qui, comme on vient de le voir, sont assez considérables.

M. Rey nous a également donné un tableau par arrondissement de la production de Vaucluse, selon l'ordre de mérite. Celui d'Avignon n'en fournit pas. En première ligne, il place l'arrondissement de Carpentras et signale les communes de Seaumane, de Villes, de Methamis, Mazan, Bedouin, Venasque.

L'arrondissement d'Apt ne viendrait qu'en seconde ligne ; les communes les plus renommées sont : Bonnieux, Saint-Saturnin, Gardes, la Tour-d'Aigues, Anconis et Lauris.

Enfin viendrait au dernier échelon l'arrondissement d'Orange, dont les communes les plus favorisées sont Jonquières, Queyranes, Saint-Paul-Trois-Châteaux, Beaune-de-Venise.

La société de la Dordogne nous avait promis beaucoup de détails sur la production ; entre autres, elle devait nous donner le nombre de kilos de truffes exportées par les chemins de fer. Ces chiffres, nous les avions également demandé au comice agricole de Carpentras ; mais ni l'une ni l'autre ne se sont exécutés. Nous en sommes donc réduit à des évaluations incertaines. A Sarlat, M. Michon, président du comice, fixe à 100,000 kilogr. les truffes exportées. Nous croyons ces chiffres trop faibles ; mais nous ne pensons pas, comme le porte l'enquête agricole, qu'ils dépassent 1 million de francs. Sarlat n'est que le second marché du Périgord ; avant lui, il faut placer Salignac ; Thénon vient en troisième ligne, puis Périgueux, où M. Lasalvetat possède une usine à vapeur pour la fabrication des conserves et des pâtés de truffes. Les autres marchés sont sans importance. C'est tout ce que nous avons pu recueillir sur le département de la Dordogne.

Nous sommes un peu mieux renseignés sur le Lot. M. le sous-préfet de Figeac, qui a reçu notre questionnaire comme président du comice, a bien voulu nous adresser un dossier volumineux qui nous a valu la bonne fortune d'être mis en rapport avec l'abbé Paramelle, le célèbre hydroscope dont nous avons cité les opinions plus haut. D'après ce dossier, les meilleures truffes du Lot proviendraient des cantons de Martel, Gramat, Peraye, Livernon, Cajuze et Figeac ; mais il y en a beaucoup d'autres encore qu'il faudrait citer.

Quant à la production, M. Caviol, président de la Société agricole et industrielle du Lot, la porte à 300,000 kilos, année moyenne ; il l'évalue à 10 fr. le kilo, ce qui ferait 3 millions de recettes pour les propriétaires et les caveurs. La majeure partie de ces truffes sont expédiées fraîches ; le reste est mis en conserves.

D'après une personne consultée par M. le sous-préfet de Figeac, et dont nous ne pouvons déchiffrer le nom, la

production totale du Lot s'élèverait à 1 million de francs ;
entre ces deux chiffres, là différence est grande. Quant
aux marchés, les plus importants sont Cahors, Souillac,
Gourdon, Martel, Gressensac.

La Vienne est le dernier département qui nous ait
fourni quelques notes statistiques. Elles nous sont adres-
sées par M. Gilles de la Tourette, président du comice de
Loudun. Après nous avoir rappelé que la culture du chêne
truffier a complètement transformé les plus mauvaises
terres de l'arrondissement et enrichi un grand nombre
de propriétaires, M. de la Tourette nous indique les principaux marchés, qui sont : Loudun, Chinon et Richelieu.
Les truffes s'expédient fraîches ou à l'état de conserves.
Au moment des fouilles, des courtiers s'établissent dans
les centres producteurs et y font leurs achats. Les truffes
de la Vienne sont moins renommées que celles du Périgord ; mais on les dit tout aussi bonnes. La partie la plus
productive comprend l'arrondissement de Loudun jusqu'à
Richelieu, en suivant à peu près la limite qui sépare la
Vienne d'Indre-et-Loire.

Le prix moyen des truffes a beaucoup augmenté depuis l'établissement des chemins de fer. Il s'élèvera très-
certainement encore, ce qui sans doute déterminera une
vive émulation parmi les propriétaires. Jadis elles ne se
vendaient guère au-dessus de 4 à 5 fr. le kilo dans les
centres producteurs. Ces prix sont maintenant quelquefois quintuplés. M. Rousseau a souvent vendu ses truffes
fraîches jusqu'à 35 fr. Toutefois, dans les évaluations

qui nous sont fournies, on ne porte la moyenne qu'à 10 fr. le kilo. M. Bonnet fils l'élève à 15 fr. pour le marché d'Apt, et M. Loubet à 20 fr. pour le marché de Carpentras. Dans le Lot, la moyenne des prix de vente ne serait que de 10 fr.

Plus de la moitié de la récolte est expédiée aussitôt après les fouilles ; le restant sert à faire des conserves. Une partie des conserves passe dans les pâtés de foies gras ; une autre partie est préparée selon les procédés Appert. Mais ce procédé, qui consiste à faire cuire la préparation et à la mettre dans des boîtes de ferblanc que l'on passe au bain-marie pour les fermer hermétiquement, a subi de nombreuses modifications. Aujourd'hui, chaque fabricant a ses méthodes particulières, qu'il n'a garde de divulguer ; aussi nous n'en parlerons pas plus longuement.

Le commerce des truffes se fait, soit par commissionnaires qui remplissent les ordres qu'on leur adresse, soit par des marchands en gros. Ceux-ci expédient à des marchands au détail, qui revendent aux consommateurs. Ces intermédiaires renchérissent beaucoup le prix de ce condiment si recherché pour les tables opulentes. Il en résulte que la petite bourgeoisie n'en peut que très-rarement goûter. Pour le lui rendre abordable, il faudrait supprimer les intermédiaires au moyen de sociétés coopératives entre producteurs. Chaque groupe serait représenté par un agent qui recevrait les truffes de chaque associé et les vendrait aux personnes qui lui en feraient la demande. Il pourrait y avoir à Paris un syndicat qui relierait entre elles toutes les agences et serait chargé des ventes au détail. Le syndic ferait également les expéditions à l'étranger. On pourrait encore dans chaque département établir aux frais des différents groupes une ou plusieurs usines qui fabriqueraient des conserves en commun, comme les fruitières transforment le lait en commun. Chaque associé toucherait sur les prix de vente au prorata de ses apports en truffes fraîches, constatés par les livres des agents et des directeurs d'usines. Avec ce système, il n'y aurait plus de pression sur les marchés devenus libres de tout intermédiaire; les prix seraient déterminés seulement par l'abondance ou la rareté de la marchandise. Les producteurs la vendraient un peu plus cher, et les consommateurs, mis en rapport direct avec ces derniers, l'obtiendraient à meilleur marché. Or, les prix baissant, la truffe deviendrait accessible à un plus grand nombre de bouches.

Telle est en quelques mots l'organisation que l'on pourrait appliquer au commerce de la truffe. Nous n'avons pas la prétention d'avoir tout dit sur un sujet encore si neuf, et qui touche à un si haut degré au bien-être général; mais nous avons du moins posé des jalons pour l'avenir. Il appartient désormais aux hommes d'initiative d'appliquer la théorie que nous venons d'esquisser.

Avant de clore ce chapitre, nous croyons devoir revenir sur les rapports qui existent entre la trufficulture et le reboisement, et montrer comment les auteurs jugent cette question au point de vue de la mise en valeur des terres incultes.

Nous avons déjà dit avec M. Bedel que la truffe à elle seule ferait plus pour le reboisement des garrigues de Vaucluse que la loi de 1860, que les règlements d'administration publique, que la crainte des inondations. Le 29 janvier 1866, en descendant du mont Ventoux, M. Bedel traversait des terres de la dernière classe que l'homme arrose péniblement de ses sueurs et qui donnent de très-faibles produits. Pourquoi, disait cet habile forestier, ne couvrirait-on pas de chênes toutes ces terres ingrates? Après quinze ans, elles passeraient à la première classe et donneraient un revenu au moins égal à celui que donnent les meilleures terres du nord de la France. N'est-ce pas là une chose admirable pour le Midi que de pouvoir, à peu de frais et en si peu de temps, espérer une pareille transformation?

M. Bonnet, un des pères de la trufficulture moderne, est presque aussi explicite. Après avoir exposé le système que nous connaissons maintenant, il en fait ressortir les conséquences au point de vue du reboisement. « Dans l'intérêt des départements méridionaux, dit-il, on ne saurait donner trop de publicité aux moyens d'utiliser et de rendre productifs ces coteaux incultes et en pente sur lesquels la terre végétale, déjà peu profonde, tend continuellement à s'amoindrir par l'effet des eaux pluviales. Les produits donnés par les truffes dédommageront bientôt et amplement de leurs peines et de leurs dépenses les propriétaires qui feront des semis de chênes. »

M. Ravel, qui n'est pas un économiste, juge la question comme M. Bonnet. A la suite de considérations auxquelles il se livre sur les plantations de chênes et sur les profits qu'elles doivent donner, il arrive à la question qui nous préoccupe et s'exprime en ces termes : « Ce serait bien là, dit-il, la méthode que devraient adopter les propriétaires qui veulent reboiser leur domaine; en effet, ce qui arrête le reboisement de nos montagnes, c'est que le propriétaire ne veut ou ne peut faire le sacrifice des revenus annuels de sa terre, pour attendre la croissance d'un bois qui ne profitera qu'à ses descendants. Mais s'il plantait des chênes truffiers suivant la méthode que je viens d'indiquer, il aurait en quelques années un revenu annuel en truffes qui serait quelquefois égal à la valeur totale du sol, et il retrouverait toujours plus tard, lui ou ses enfants, les bois, qui auraient pris d'autant plus de valeur qu'ils auraient eu plus de moyens de développement. »

M. le docteur Blanchard professe les mêmes doctrines. Quant à M. Loubet, il s'exprime plus catégoriquement encore. Résumant l'ensemble des cultures de M. Rousseau, il en fait ressortir le mérite au point de vue de l'intérêt particulier et propose les truffières artificielles comme un moyen, non seulement économique, mais lucratif, d'opérer le reboisement de la région méridionale. « On ne saurait donc, s'écrie-t-il, mettre trop d'empressement à propager cette utile découverte et multiplier le chêne truffier partout où le sol et le climat pourront le permettre. Ce serait, selon nous, le meilleur moyen de faire avancer cette grande question, si souvent agitée et non encore résolue, du reboisement des montagnes. Ce qui a jusqu'ici fait reculer les propriétaires, c'est la perspective des avances considérables que nécessiterait le reboisement, jointe à l'incertitude des bénéfices futurs. Les plantations de chênes truffiers feraient disparaître ce premier obstacle, puisqu'elles assureraient aux propriétaires, dans un assez court délai, des revenus bien supérieurs à l'intérêt du capital consacré à l'opération. »

Un dernier témoignage, qui doit être d'un grand poids dans la question, est celui d'un congrès de forestiers tenu à Carpentras en 1862. Ce congrès comprenait les agents des Bouches-du-Rhône, de Vaucluse, du Gard, de la Drôme et de l'Ardèche. Tous ces départements produisent de la truffe. Après avoir visité les plantations de M. Rousseau et y avoir discuté très-longuement, la réunion déclara que le chêne truffier était appelé à jouer un très-grand rôle dans le reboisement. Cette décision, prise par des hommes compétents, est la meilleure sanction que l'on puisse donner aux extraits que nous venons de reproduire. C'est pourquoi, ne voulant point affaiblir tant de preuves éclatantes, on nous permettra de ne pas aller plus loin.

CHAPITRE XVII

Projet de propagande truffière.

Que doivent faire les hommes d'initative, lorsque l'Académie des sciences refuse obstinément d'étudier une question qui intéresse à un haut degré l'agriculture méridionale, et qui se lie si étroitement à la restauration du climat européen? Ils doivent serrer leurs rangs et, sans se laisser intimider par de vaines clameurs, poursuivre avec persévérance la recherche de la vérité. Où donc est la vérité dans ce débat qui s'agite entre quelques libres chercheurs isolés, agissant à leurs risques et périls, et une réunion d'hommes subventionnés par l'État pour faire marcher la science, et qui faillit à sa mission?

Si, lorsqu'il y a quarante ans M. Bonnet formula sa théorie de la mouche truffigène, l'Académie avait voulu la prendre en considération et la mettre à l'étude, nous saurions aujourd'hui à quoi nous en tenir sur ce problème encore si obscur d'histoire naturelle. Mais comme cette théorie renversait toutes les idées reçues, l'Académie la repoussa avec dédain et refusa de s'en occuper. Plus tard, en 1857, lorsque la question se produisit de nouveau, d'indifférente qu'elle s'était montrée jusque-là, elle devint agressive. Elle se constitua en une sorte de cour inquisitoriale, et, sans l'avoir examinée, elle lança contre la nouvelle théorie les foudres de l'excommunication. C'est ainsi que finissent toujours les corps investis d'un monopole. Fondée pour être le centre de toutes les découvertes et pour les discuter, l'Académie des sciences est devenue d'une intolérance sans pareille; elle est l'ennemie jurée de toutes les idées qu'elle n'a point conçues. Voilà pourquoi, après avoir ourdi la conspiration du silence contre la théorie qui fait de la truffe une noix de galle souterraine, elle s'est mise à la combattre avec acharnement. Mais puisque ce corps constitué méconnaît si gravement ses devoirs, il convient que des libres chercheurs les lui rappellent, et qu'ils s'unissent pour substituer leur propre initiative à son action désormais hostile à tout progrès.

C'est dans ce but que nous avons conçu notre projet de propagande truffière. Ce que nous voudrions, c'est de constituer un centre vers lequel convergeraient à la fois tous les efforts individuels, et qui donnerait l'impulsion aux naturalistes, aux comices agricoles, dirigerait leurs recherches et récompenserait leurs efforts. Ce centre pousserait par tous les moyens en son pouvoir au développement de la trufficulture, dont le but suprême ne serait autre que le reboisement des terres incultes dans la zone méridionale. La commission d'initiative se composerait d'abord : du président de la société d'insectologie générale et de quatre membres choisis parmi les Sociétés d'agriculture de Vaucluse, de la Dordogne, du Lot et de la Vienne, les seuls départements qui jusqu'ici aient répondu à notre appel. Plus tard, le nombre pourrait être porté à dix. L'auteur de ce projet serait de droit secrétaire de la commission.

Une fois constituée, elle ferait appel à tous les naturalistes et leur adresserait un programme des questions qu'ils devraient étudier. Elle ouvrirait pour 1876, à l'époque où aura lieu la cinquième exposition des insectes, un concours entre tous les libres chercheurs. Ce délai serait nécessaire, parce qu'il faudrait laisser assez de temps pour étudier les mouches truffigènes qui se montrent seulement quelques jours de l'année, et organiser des chênes d'observation, afin de pouvoir suivre les développements successifs de la truffe sur les racines. Ces appareils d'observation devraient être construits en verre ou en planches, avec des côtés mobiles qui permissent de voir en quelque sorte, à tous les instants, la marche des radicelles et le travail des mouches. En cette matière, il n'y a rien encore de connu, si ce n'est des théories qui attendent la sanction des faits pratiques. Deux années entières consacrées à ces recherches seraient à peine suffisantes; mais la commission pourrait toujours y revenir.

La question qu'il s'agirait de mettre au concours serait celle-ci, qui renferme en quelque sorte toutes les autres:

La truffe est-elle véritablement un champignon, comme l'admet encore aujourd'hui l'Académie des sciences, ou bien ne serait-elle qu'une noix de galle souterraine, comme le professe M. Bonnet et d'autres encore avec lui?

La commission d'iniative examinerait les mémoires et décernerait un prix de 3,000 fr. à celui qui l'aurait mérité; elle pourrait également, par ordre de mérite, distribuer des médailles et des mentions honorables aux ouvrages imprimés ou manuscrits qui traiteraient de trufficulture, mais ne remonteraient pas à plus de dix années.

La dépense de ce concours serait couverte au moyen d'une souscription qui s'ouvrirait dans tous les centres producteurs par les soins des comices. Toutes les personnes qui s'intéressent à la question du reboisement devraient être admises à concourir. Cet appel fait à l'initiative individuelle serait sans doute entendu. On commence à comprendre en France que le gouvernement ne peut pas tout faire et que si l'on veut réussir, il ne faut jamais perdre de vue la fameuse maxime : *Aide-toi, le ciel t'aidera.* Le rôle de la commission d'initiative vis-à-vis les sociétés d'agriculture, dont elle serait une émanation, est facile à tracer : elle dresserait la liste des questions théoriques et pratiques de trufficulture à leur soumettre; elle serait tenue au courant de tous les efforts individuels, qu'elle centraliserait et qu'elle proposerait ensuite aux comices comme des exemples bons à imiter. Il y aurait donc, de la circonférence au centre, un courant d'observations pratiques, tandis que du centre à la circonférence, il se formerait un courant d'idées qui ne serait que la déduction logique de l'observation. Sous l'influence de ce double courant, la trufficulture prendrait une extension considérable.

Partout où les comices s'en sont préoccupés, cette industrie a pris un développement très-remarquable. Sous ce rapport, on doit beaucoup aux comices de Vaucluse. Ce département est sans contredit le plus avancé de tous. C'est là qu'ont dû avoir lieu les premières plantations de chênes, en vue d'en obtenir de la truffe; c'est là que les truffières artificielles ont, pour la première fois, été soumises à une culture régulière, et que l'observation des faits a permis de formuler les préceptes qui gouvernent cette exploitation.

Les théories de M. Bonnet, président du comice agricole d'Apt, ont dû jouer un très-grand rôle dans cette question. Bien que son mémoire sur l'origine de la truffe n'ait vu le jour qu'en 1858, les idées qu'il renferme remontent à 1833, M. Bonnet n'en faisait pas mystère, et il est très-probable que les plantations de M. Rousseau n'en furent qu'une application. Mais aux applications de M. Rousseau, aussi bien qu'aux théories de M. Bonnet, il fallait la publicité qui, seule, donne la vie aux découvertes. Le moment arriva où elle leur fut largement acquise. D'un côté, les truffes que M. Rousseau exposa en 1855 à Paris appelèrent l'attention de la presse sur ces premiers essais ; de l'autre, le mémoire de M. Ravel sur la mouche truffigène, qui parut en 1856, porta de nouveau la question devant l'Académie des sciences. Le feu de la polémique était au plus vif, lorsque les comices de Carpentras et d'Apt et la société d'agriculture d'Avignon commencèrent paisible-

ment leurs études. Un premier rapport du mois d'avril
1857 fut lu à la Société d'agriculture d'Avignon par
M. Fabre, *sur les truffières artificielles de M. Rousseau*.
Ce rapport était plus hostile que favorable. Quelques jours
après, M. Loubet, président du comice de Carpentras, fut
chargé d'y répondre. Cet écrit est la réfutation du rapport de M. Fabre et une apologie bien méritée des truffières du Puits-du-Plant.

L'année suivante, M. Bonnet entretenait le comice
d'Apt de sa théorie sur la mouche truffigène et de la
création des truffières artificielles. En même temps, le
comice de Carpentras faisait son second rapport sur
Puits-du-Plant. Il en avait confié la rédaction à M. le
marquis des Isnards, qui se montrait également très-
favorable. Les deux autres qui suivirent sont conçus
dans le même esprit; celui de 1862 a pour auteur
M. le docteur Blanchard, celui de 1866 M. Bedel.
Tous ces travaux, on le conçoit, ont vivement frappé
l'attention du public et l'ont favorablement disposé pour
la nouvelle culture. De là le très-grand succès qu'elle a
a obtenu dans Vaucluse.

Les comices des autres centres producteurs n'ont rien
ou presque rien fait pour développer la trufficulture.
Tous les progrès qui se sont accomplis dans la Vienne,
dans la Dordogne et ailleurs sont dus à l'initiative privée.
Le jour où les particuliers ont compris que les plantations de chênes pouvaient les enrichir, ils en ont couvert
toutes les mauvaises terres dont ils disposaient. Il est

très-fâcheux que les comices agricoles du Lot, de la Dordogne et de la Vienne n'aient point suivi l'impulsion que leur donnaient les comices de Vaucluse. Disons toutefois que la société de Périgueux a bien voulu nous prêter son utile concours lors de l'enquête que nous avons entreprise en 1868. Les comices de Sarlat et de Ribeirac nous ont également donné leur appui.

Dans Vaucluse, l'agitation avait deux causes : d'abord l'intérêt individuel, fortement excité par la circulaire préfectorale de 1856 sur les plantations de chênes truffiers ; ensuite la passion avec laquelle les essais de M. Rousseau furent attaqués et défendus. Le rapport de M. Fabre contre la mouche truffigène et contre le chêne truffier est rédigé avec une telle violence, qu'on le prendrait pour un réquisitoire. Le rapport de M. Loubet, qui le suivit, en est une réfutation complète et en très-bons termes. Le président du comice de Carpentras a fait preuve à la fois de savoir, de goût et d'énergie, dans une œuvre où les liens qui le rattachent à M. Rousseau auraient pu l'égarer. Les trois autres rapports sont également irréprochables et par la forme et par le fond.

Mais une fois entré dans cette voie, le comice de Carpentras n'aurait pas dû se borner à défendre les essais du Puits-du-Plant. Il avait bien d'autres choses à faire dans l'intérêt de la trufficulture, appelée à de si hautes destinées dans Vaucluse. D'abord, il aurait dû ouvrir une enquête sur l'état de cette industrie ; la circulaire de M. Durand Saint-Amand lui en faisait un impérieux devoir. Ensuite, pour pousser aux plantations de chênes, il aurait dû instituer toute une série de récompenses pécuniaires et honorifiques. Le reboisement de la vaste chaîne du Ventoux est une œuvre assez importante pour que l'on doive s'en occuper sérieusement.

Voici donc quelques-unes des questions que nous voudrions voir introduire dans le programme du comice de Carpentras et dans celui des comices de tous les centres producteurs :

TRUFFICULTURE.

Il y aura chaque année un certain nombre de prix affectés à cette partie de notre économie rurale :

1° Pour les plantations de chênes ne comprenant pas moins d'un hectare ;

2° Pour la culture des truffières, consistant en labours, hersages, sarclages, etc. ;

3° Pour la conduite et la taille les mieux entendues des chênes truffiers, savoir : les élagages, les éclaircies et les recépages ;

4° Pour les travaux d'amélioration, tels que fossés d'assainissement, drainage, irrigation, etc. ;

5° Pour la restauration des vieilles truffières, c'est-à-dire leur appropriation conformément aux idées modernes et leur culture rationnelle ;

6° Pour la meilleure tenue et la meilleure exploitation des truffières ;

7º Pour la répression du maraudage, le plus grand obstacle à toutes les améliorations que réclament les truffières;

8º Pour des observations météorologiques se rattachant à la pratique, par exemple sur l'influence de la pluie, de la sécheresse, de la chaleur, du vent, de l'électricité, des abris, etc., dans leurs rapports avec la production de la truffe;

9º Pour les observations faites sur les mouches truffigènes et sur les moyens de les multiplier;

10º Pour les observations faites relativement à l'adhérence des tubercules aux racines;

11º Pour les observations faites en ce qui concerne l'influence des engrais sur la mouche et sur la truffe;

12º Pour les meilleurs procédés de conservation;

13º Pour les conserves ou préparations alimentaires renfermant des truffes;

14º Pour les sociétés coopératives de producteurs établies en vue de simplifier le commerce de la truffe et de réduire le nombre des intermédiaires;

15º Pour la création, par les sociétés coopératives, d'usines propres à la fabrication des conserves de truffes;

16º Pour les écrits de toutes sortes traitant de trufficulture, de la conservation et du meilleur emploi du tubercule.

Tel est en résumé le programme que nous proposons au comice de Carpentras, et qui pourrait être adopté par tous les comices des centres producteurs. Si notre nomen-

clature ne s'adaptait pas à toutes les localités, il serait facile de lui faire subir les changements indispensables et
d'en combler les lacunes.

Enfin, pour compléter ce programme, nous allons donner, en terminant, le questionnaire que nous avons adressé
au mois de février 1868 aux principaux départements qui
produisent la truffe. Ce document doit être la base de
l'enquête que les comices devront ouvrir aussitôt qu'ils
seront résolus à entrer dans la voie si féconde que nous
leur signalons. C'est pour leur faire partager nos convic-
tions que nous avons écrit ce livre. Aurions-nous
trop présumé de leur zèle pour l'agriculture et pour le
bien public? Nous ne le pensons pas. Nous avons la ferme
croyance que ce petit livre sera le point de départ d'une
ère féconde pour la trufficulture et d'une salutaire émulation pour le reboisement.

Voici le texte de notre questionnaire, que nous nous
sommes efforcé de compléter :

ENQUÊTE *sur l'origine, la culture et le commerce
de la truffe.*

1º Quelles sont les parties de votre département qui
produisent de la truffe? Voulez-vous bien donner l'énumé-
ration de ces parties par arrondissement et par cantons,
en suivant l'ordre de mérite?

2º Quelle est la nature du terrain le plus propre à ce
genre de production? En connaît-on les analyses?

3º Quelle est la composition du sous-sol? Cette couche ne joue-t-elle pas un très-grand rôle, n'exerce t-elle pas une influence décisive sur la truffe?

4º Quel est le climat le plus favorable à la truffe? A quelle altitude s'arrête-t-elle dans la montagne? Des phénomènes météorologiques, quel est celui qu'elle redoute le plus? Est-ce le froid, est-ce l'humidité, est-ce la sécheresse, est-ce la chaleur?

5º Quelles sont les essences sur les racines desquelles se forme la truffe? Combien d'espèces de chênes possédez-vous? Quelle est leur proportion avec les autres essences truffières? Avez-vous des chênes plus aptes à produire de la truffe que d'autres, et ces chênes transmettent-ils leurs qualités par les semis?

6º A-t-on fait des plantations de chênes en vue d'en obtenir de la truffe? A quelle époque ces plantations remontent-elles? Quels sont les principaux planteurs? Les résultats que donnent ces plantations sont-ils favorables? A combien estimez-vous la dépense pour semer ou planter un hectare de chênes?

7º Quelle est l'étendue approximative des plantations faites de main d'homme? Quelle est dans le département la contenance totale des bois de chênes? Y en a-t-il beaucoup qui ne donnent pas de truffes? Combien reste-t-il d'hectares de terres incultes que l'on pourrait couvrir de chênes truffiers?

8º La restauration des vieilles truffières épuisées serait-elle coûteuse?

9º Combien valent par hectare les mauvais sols truffiers lorsqu'ils sont tout nus? Combien, lorsqu'ils sont
couverts de chênes, à cinq, dix et quinze ans?

10º A quel âge les plantations commencent-elles à
donner de la truffe? A quel âge la demi, la pleine récolte?

11º Quels sont les modes usités pour la création des
truffières artificielles? Sont ce les semis ou bien les plantations?

12º Cultive-t-on les truffières? Quels sont les modes
de culture? Est-ce à la pioche, à la charrue, à la herse,
à la houe? Combien donne-t-on de façons par année, et à
quelle époque? Combien coûte cette culture par hectare?

13º Comment faut-il conduire le chêne truffier? Les
élagages faits au moment de la sève qui doit former la
truffe ne sont-ils pas nuisibles à la récolte? A quelle époque doit-on les faire? Les élagages ne sont-ils pas un
moyen certain de ramener la production dans des massifs
devenus stériles?

14º A quelle époque faut-il pratiquer les éclaircies?
Devra-t-on toujours recourir à l'arrachage des souches?
Les éclaircies ne sont-elles pas, avec les élagages, un
moyen certain de restaurer les vieilles truffières?

15º Que pensez-vous des recépages, soit de toutes les
branches à la fois, soit par le pied de l'arbre? Cette méthode pourrait-elle rajeunir les vieilles truffières? Pensez-
vous que les pincements et les ébourgeonnements puissent
être de quelque utilité pour la production?

15

16º Pourrait-on, lorsque l'été est trop sec, irriguer les truffières? Dans quelle limite et par quels procédés les arrosages pourraient-ils être donnés? Ne serait-il pas bon de proportionner la couche d'eau à celle qui tombe du ciel lors des années les plus favorables?

17º Le drainage est-il praticable dans une truffière? Cet expédient ne sera-t-il pas toujours une exception, puisque les truffières se trouvent presque toutes sur des terrains arides et en pente?

18º Explique-t-on pourquoi, lorsque les mois de juillet, août et septembre sont secs, il n'y a que peu ou point de truffes? Quels sont les moyens pratiques de remédier à cet inconvénient et de sauver la récolte?

19º Quels sont les modes d'exploitation les plus usités? Est-ce le fermage ou bien le faire valoir? Le maraudage existe-t-il? Les tribunaux poursuivent-ils les maraudeurs? Quelle influence le maraudage exerce-t-il sur la propriété des truffières au point de vue des améliorations qu'elles pourraient réclamer? Combien coûte l'exploitation d'un hectare de truffière? Combien chaque hectare peut-il rapporter de tubercules par année en kilos et en argent?

20º Quelle est la production truffière de votre département? Combien y récolte-t-on de kilos de tubercules, et combien ces kilos valent-ils en argent? Que devient cette récolte? Combien en expédie-t-on à l'état frais? combien à l'état de conserves?

21º Quels sont les marchés où se vend la truffe? Voudriez-vous les énumérer suivant leur ordre d'importance, et dire combien chacun d'eux peut vendre de kilos, année moyenne?

22° Quels sont les prix moyens de la truffe depuis cinquante ans? Les chemins de fer n'ont-ils pas déterminé une hausse considérable?

23° Quels sont les négociants en truffes les plus occupés? Avez-vous des fabricants de conserves? Leurs usines marchent-elles à la vapeur? Combien emploient-elles d'ouvriers? Quelle est la moyenne des salaires? Quel est le chiffre des affaires individuelles?

24° Pourriez-vous me donner la quantité de truffes exportée par les chemins de fer, ou approximativement de toute autre manière?

25° Comment le commerce de la truffe est-il organisé? Y a-t-il sur les marchés des acheteurs en gros ou de simples commissionnaires? Quelle influence cette organisation exerce-t-elle sur les cours?

26° Pensez-vous qu'il fût possible d'établir sur chaque marché un agent qui vendrait seul pour le compte de tous les producteurs associés entre eux? Ce mécanisme ne donnerait-il pas un revenu plus considérable aux producteurs? Ne serait-il pas utile que toutes les associations locales eussent à Paris un représentant unique qui s'appellerait le syndic? Le rôle de cet agent ne serait-il pas de vendre au détail pour le compte de chaque groupe, et de faire les expéditions à l'étranger? Ce système serait-il préférable à celui qui existe aujourd'hui? Croyez-vous que, dans l'état de nos mœurs, il pût être facilement accepté par les praticiens ?

27° Existe-t-il dans votre département des trufficulteurs émérites avec lesquels il serait utile de se mettre en relation ?

28° Que pensez-vous du projet de propagande truffière? Croyez-vous cette idée réalisable ? Les comices lui donneront-ils leur appui ?

29° Quelle est l'opinion généralement admise sur l'origine de la truffe ? La considère-t-on comme un champignon ou bien comme une noix de galle souterraine ? A-t-on entrepris des études pour décider cette question capitale ?

30° Quelle est l'opinion des comices sur la mouche truffigène? Existe-t-il des praticiens qui aient fait des observations sur les mœurs de cette mouche et qui pourraient la décrire? Ont-ils pu réunir des collections de chrysalides et de mouches? Ne pourraient-ils m'en envoyer quelques échantillons?

31° A-t-on fait des recherches pour s'assurer si la truffe adhère aux racines du chêne ? Les observateurs possèdent-ils des collections de truffes adhérentes, à leurs divers états de développement ? De ces collections, très-précieuses pour l'histoire naturelle, pourrait-on nous confier de doubles échantillons?

32° La truffe ne pousse que dans des terrains arides ; comment explique-t-on le travail secret qui s'opère à l'époque de la mise à fruit, et qui se résume par la disparition de toutes les herbes végétant à la surface? Ce phénomène ne serait-il pas dû aux efforts que font les radicelles pour dépouiller complètement le sol, condition sans laquelle il ne saurait y avoir de tubercules?

33° A-t-on constaté que la truffe pousse seulement sur les racines, et que si celles-ci viennent à périr, la truffe périt également ?

34° Pourquoi, dans les années humides, les truffes se trouvent-elles au midi des chênes, tandis que dans les années sèches elles passent du côté du nord ?

35° Explique-t-on pourquoi, à la suite des fortes gelées des hivers 1868 et 1871, on a trouvé dans la couche végétale, dure comme glace, des truffes gélées et des truffes intactes ? Ne peut-on pas rattacher ce phénomène à l'adhérence des racines ?

36° Pourquoi la truffe ne pousse-t-elle pas dans les massifs serrés? Ce phénomène ne s'expliquerait-il point par ce fait que la mouche fuit les ombrages, qu'il lui faut de l'air et du soleil?

37° Existe-t-il dans votre département des hommes qui se soient occupés de l'histoire naturelle de la truffe? Ont-ils publié des ouvrages? Ne pourrais-je me mettre en rapport avec eux?

Tel est notre projet de propagande truffière. Si les comices et les hommes d'initiative veulent nous venir en aide, bientôt il n'existera plus dans le midi de la France une parcelle de mauvaise terre qui ne soit couverte de chênes truffiers.

PROGRAMME

Du Concours de Trufficulture qui aura lieu au mois de septembre 1876,
avec l'Exposition des insectes.

Il sera accordé les récompenses suivantes :

Premièrement. *Un prix de 3,000 fr.* à l'auteur du meilleur mémoire sur l'histoire naturelle des mouches truffigènes et des mouches tubérivores.

1° Faire connaître l'origine, les transformations et le mode de travail des mouches qui piquent les racines du chêne et autres essences, et produisent la truffe. Il est probable qu'il existe autant de mouches de cette sorte qu'il y a de truffes différentes. M. Tulasne énumère vingt-trois espèces de tubercules qui composent le genre *tuber*. Faire la monographie de toutes ou de quelques-unes de ces mouches.

2° *Des mouches tubérivores.* Il paraît en exister de deux sortes : celles qui dévorent la truffe à l'extérieur et celles qui vont la chercher dans le sol. Donner, autant que possible, la description et la monographie de ces différentes espèces d'insectes.

Secondement. *Un prix de 1,500 fr.* à l'auteur du meilleur mémoire sur les truffières artificielles. Étudier les différentes essences qui produisent la truffe. Décrire les modes de culture employés, tels que : labours, sarclages, écroûtages, irrigations, drainage, semis ou plantation de chênes, conduite, élagage, recépage, éclaircie, exploitation, etc. Donner en hectares la statistique de toutes les plantations faites dans le département en vue d'en obtenir de la truffe. Indiquer, autant que possible, leur âge et leur rendement en nature et en espèces.

TROISIÈMEMENT. *Un prix de 500 fr.* à l'auteur du meilleur mémoire sur la préparation et sur le commerce des truffes dans un des départements producteurs, et à la fois en France et à l'étranger. Faire connaître les modes de préparation et de conservation de la truffe ; en donner le prix moyen année par année, avant les chemins de fer et depuis l'établissement de ces voies rapides.

Des diplômes d'honneur seront accordés aux auteurs des mémoires qui viendront en second ou en troisième ordre.

Les manuscrits, rédigés en français, devront être adressés au secrétariat de la *Société centrale d'apiculture* avant le 1er juin 1876, terme de rigueur. Ils porteront en tête une devise ; le nom de l'auteur restera sous pli cacheté jusqu'après la décision du jury.

Les manuscrits envoyés au concours ne seront pas rendus, mais les auteurs pourront en faire prendre copie.

SUPPLÉMENT AU CHAPITRE V

INTITULÉ :

Les truffières artificielles de M. Rousseau.

Ainsi que nous l'avons annoncé dans notre *avant-propos*, ce livre était écrit en 1868 et devait alors figurer à l'exposition des insectes; depuis, six ans se sont écoulés. Pour tenir nos lecteurs au courant des faits nouveaux, il convient de combler cette lacune; nous le pouvons d'autant mieux que M. Rousseau a bien voulu mettre à notre disposition la suite de son registre.

PRODUITS DE LA TRUFFIÈRE DE PUITS-DU-PLANT (*suite du tableau de la page 79*).

ANNÉES.	PRODUIT en truffe.	PRODUIT en argent.	PRODUIT de la vigne.	OBSERVATIONS.
Reports du tableau p. 79.	2,802ᵏ90	39,421ᶠ25	3,015ᶠ15	
20ᵉ, 1868-69	314 »	3,454 »	438 »	Diminution du produit. Influence du froid, de la gelée et de la sécheresse.
21ᵉ, 1869-70	295 »	3,540 »	379 »	Récolte réduite ; mais prix plus élevés. — Éclaircies par arrachage. — Vigne phylloxérée.
22ᵉ, 1870-71	283 »	2,038 »	195 »	Tubercules détruits par le froid. — Chênes verts gelés complètement. — Avilissement des produits, par suite de la guerre. — Recépage par le pied.
TOTAUX...	3,694ᵏ90	48,453ᶠ25	4,027ᶠ15	
TOTAL en argent..		52,480ᶠ40		

Il résulte de ce tableau que, pendant vingt-deux années, 7 hectares et demi de truffières successivement plantés en 1847 (2 hectares), en 1850 (2 hectares), en 1860 (3 hectares 80), ont donné en truffes : 48,453 fr. 25 ; en raisin 4,027 fr, 15, soit un total de 52,480 fr. 40. Bien que les sept premières années, ainsi que le tableau l'indique, n'aient produit pour l'ensemble que 481 fr. 50 de truffes, si l'on prend le produit des vingt-deux récoltes et qu'on le divise par le nombre d'hectares, le revenu annuel de chaque hectare aura été de 305 fr. 85 ; mais il faut observer que ce calcul comprend les sept premières années, alors qu'eurent lieu les plantations, et que le produit de cette période n'a été, comme nous venons de le dire, que de 481 fr. 50. L'ensemble du revenu calculé sur les vingt-deux ans est donc considérable, surtout si on observe que la terre de Puits-du-Plant, avant les plantations, ne rendait que 90 fr. par hectare.

Maintenant, faisons les calculs en ne tenant pas compte des sept premières années dont le revenu a été nul. Pendant les quinze années dont il s'agit, le produit total en truffes et en raisins a été de 52,000 fr. Or, en divisant ce produit par le nombre d'années, puis par le nombre d'hectares, nous obtenons comme revenu une moyenne annuelle de 444 fr. 95.

On voit par ces chiffres qu'en fixant, comme nous l'avons déjà fait, à 500 fr. par an le produit d'un hectare de truffière âgée de dix années, on est très-proche de la vérité. N'est-ce point là une culture véritablement providentielle pour le Midi? Car, outre qu'elle n'exige aucun engrais, elle est le plus grand auxiliaire du reboisement dans une région où l'action dévorante du soleil épuise le sol et tend à le rendre stérile.

Malheureusement, M. Rousseau n'avait point compté sur un hiver aussi rigoureux que celui de 1870-71. Le chêne vert, qu'il avait presque exclusivement employé dans ses plantations, est un arbre qu'un froid de 8° à 9° fait périr. Pendant le mois de décembre 1870, le thermomètre, à Carpentras, tomba au-dessous de 13°. Il n'en fallut pas davantage pour détruire le chêne vert. C'est là un cas de force majeure qui, de mémoire d'homme, ne s'était point encore produit dans le Midi. Les truffières de Puits-du-Plant furent donc presque anéanties. Ce désastre fut une véritable révélation pour M. Rousseau : il comprit alors que le climat de Vaucluse ne convenait plus au chêne vert et qu'il fallait lui substituer le chêne blanc, beaucoup plus rustique. Laissons aux trufficulteurs le soin de profiter d'une leçon qui coûte si cher à M. Rousseau.

Comme on vient de le voir, notre tableau récapitulatif s'arrêtait à la dix-neuvième année (1867-68), qui fut une des plus abondantes. En 1868-69, c'est-à-dire la vingtième année des premières plantations, les fouilles donnèrent 314 kilos de truffes qui furent vendus 3,434 fr. Les rangées de vignes produisirent en argent 438 fr. Le revenu total fut donc de 3,892 fr. L'année précédente, celle qui finit notre tableau (p. 79), avait rendu pour 4,950 fr. 75 de tubercules et 536 fr. 40 de raisin. La somme totale était de 5,487 fr. 15; la diminution fut donc de 1,595 fr. 15. M. Rousseau l'attribue à la grande récolte qui avait précédé. Il considère avec juste raison que les chênes doivent être comme les arbres à fruits : une année abondante les fatigue et nuit à la production de l'année suivante; on ne peut pas du même sac tirer deux moutures. Mais ce n'est pas seulement le rendement en tubercules qui fut moindre; la mauvaise qualité en réduisit considérablement le prix. En effet, au mois de janvier 1869, le froid fut très-vif; le thermomètre marquait de 7° à 8° 1/2 au-dessous de zéro. Cette température, beaucoup trop basse pour les chênes verts, leur causa de grands dommages. Les dernières pousses furent complètement gelées. M. Rousseau pense, et nous sommes de son avis, que ce froid dut également se faire sentir sur les radicelles. L'année suivante, en effet, les arbres n'avaient plus la même vigueur. L'été de 1869 vint compléter l'œuvre du froid : la sécheresse ne cessa de régner, de telle sorte que les chênes verts restèrent en souffrance.

Cependant la récolte de 1869-70 ne fut pas sensiblement inférieure à celle de l'année précédente. Les fouilles donnèrent 295 kilos de truffes, qui produisirent en argent 3,544 fr. On le voit, les cours de cette année furent supérieurs à ceux de l'année précédente. Les raisins, de leur côté, rendirent 379 fr., ce qui fit pour la récolte entière 3,919 fr. La sécheresse avait réduit la production du département de Vaucluse, sans que M. Rousseau en eût trop souffert. En effet, comme nous l'avons déjà dit, Puits-du-Plant est dans un bas-fonds et peut facilement être irrigué par le canal de la Durance.

Ici le registre contient une note fort importante. Les chênes de première plantation couraient alors leur vingt-deuxième année. Dans les lignes qu'ils formaient, les branches empiétaient les unes sur les autres, et les racines commençaient à s'enchevêtrer. M. Rousseau dut donc recourir aux élagages et aux éclaircies. Seulement, il supprima les chênes les plus mauvais truffiers. Il constata un fait qui n'était point nouveau, mais qui a bien son importance : c'est que les lignes trop serrées privaient le périmètre où se récolte la truffe d'air et de lumière, ce qui était un obstacle à la production.

Le rendement de la vigne était moindre, parce que le phylloxera commençait à y faire des ravages.

La vingt-deuxième année (1870-71) fut désastreuse pour les chênes de Puits-du-Plant; d'abord, le froid détruisit une partie de la récolte; ce qui en resta fut vendu à vil prix, par suite de la guerre. Les fouilles rendirent 283 kilos qui furent vendus 2,038 fr. La vigne ne donna que 195 fr., de telle manière que la récolte de 1870-71 fut réduite à 2,233 fr. Ce n'est pas tout encore. L'hiver si rigoureux qui a signalé la guerre avec les Allemands se fit également sentir dans le Midi; le thermomètre descendit au-dessous de 12°. Or, cette température détruit les essences à feuilles persistantes, qui sont toujours en sève. C'est là ce qui eut lieu pour l'olivier et pour le chêne vert. Les plantations de Puits-du-Plant, en majeure partie composées de cette dernière essence, périrent donc. M. Rousseau en fit arracher une grande partie ; le reste fut recépé par le pied. Il en résulte que, depuis lors, la production s'est complètement arrêtée. Les chênes recépés ont poussé des branches vigoureuses qui formeront bientôt de nouveaux arbres ; mais en attendant, ils sont improductifs. Toutefois, l'année dernière (1873-74), quelques-uns ont recommencé à donner des tubercules. M. Rousseau espère, la campagne prochaine, faire une petite récolte ; il regrette beaucoup ses chênes verts, qui avaient déjà de 30 à 40 centimètres de diamètre, qui étaient très-féconds et qui donnaient des tubercules de premier choix.

La truffière de Puits-du-Plant avait quelques chênes blancs que la gelée n'a pu atteindre et qui sont aujourd'hui très-fertiles.

L'hiver de 1870-71 sera pour M. Rousseau un grand enseignement. Avec la perversion que subit notre climat, il comprend qu'il faut abandonner le chêne vert pour s'en tenir au chêne blanc. Déjà il a mis la main à l'œuvre : il a fait disparaître une allée de chênes verts sur deux, ce qui en porte la largeur à 20 mètres. Dans cette allée, il a planté à 20 mètres l'un de l'autre de jeunes chênes blancs qui avaient six années de pépinière. Ces chênes ont une belle venue, et il espère que d'ici à trois ou quatre ans, leurs racines se couvriront de tubercules. Ce n'est pas tout encore. Comme le chêne blanc donne des arbres de haute futaie, tandis que le chêne vert est presque toujours chétif, il se propose, à l'avenir, d'espacer ses lignes à 16 mètres et de combler les vides au moyen de dix rangées de vignes. De cette manière, ses vignes dureront plus longtemps et fourniront des récoltes qui, dès la huitième année, auront remboursé toutes les dépenses de plantation.

Que faut-il conclure des observations que nous venons de rapporter? C'est que le tubercule du chêne vert doit être plus accessible au froid que celui du chêne blanc. Si le tubercule participe à toutes les immunités de l'arbre dont il n'est qu'une excroissance, il doit aussi souffrir de toutes ses imperfections. En effet, le chêne vert, avec ses feuilles persistantes et sa sève toujours en mouvement, redoute beaucoup plus le froid que le chêne blanc, dont les feuilles sont marcescentes, et dont la sève s'arrête aux premiers jours d'hiver.

Les tubercules du chêne vert doivent donc craindre davantage la gelée que ceux du chêne blanc. Voilà sans doute ce qui explique pourquoi, durant les deux hivers de 1868-69 et 1870-71, la majeure partie des truffes récoltées au bas des chênes verts était décomposée (molle). On comprend que si les branches du chêne vert sont atteintes par le froid, il doit en être de même des racines. Il est donc tout naturel que les tubercules fixés sur ces racines éprouvent le même dommage que ces dernières.

Il ne doit pas en être ainsi à l'égard du chêne blanc. Comme cette essence peut résister aux plus grands froids, les tubercules fixés sur ses radicelles doivent jouir de la même immunité. Ils ne doivent donc point être atteints par la gelée tant qu'ils adhèrent aux racines. A l'appui de cette théorie, nous pouvons citer un fait. Lors de notre voyage à Sarlat, en janvier 1868, au moment où la couche végétale ne formait qu'une glace jusqu'à 33 centimètres de profondeur, nous fîmes exécuter des fouilles, et nous trouvâmes au bas d'un chêne blanc une truffe parfaitement intacte à côté d'une autre à moitié pourrie. Pourquoi cette différence? C'est parce que la première adhérait encore à la racine, tandis que la seconde l'avait depuis plusieurs jours abandonnée.

Il est évident pour nous que la différence de rusticité qui existe entre le chêne vert et le chêne blanc peut seule expliquer ce phénomène. Si le chêne vert succombe à une température de 8° à 9° au-dessous de zéro, les truffes qu'il porte sur ses racines doivent également succomber. Au contraire, si le chêne blanc peut résister à un froid de 20° à 30°, les tubercules encore adhérents à ses racines doivent également y résister. Nous appelons sur cette question encore neuve l'étude des naturalistes.

Ainsi que nous l'avons déjà exprimé, le moyen d'éviter les avaries que le froid fait subir à la truffe, lorsqu'elle n'adhère plus à la racine, serait de faire des fouilles tous les deux ou trois jours. En si peu de temps, la truffe isolée ne courrait pas risque de se gâter, tandis que si l'on ne renouvelle les fouilles que tous les quinze jours, on en rencontrera beaucoup de pourries.

Si donc les trufficulteurs de Vaucluse ne veulent point subir les pertes que l'hiver de 1870-71 a fait éprouver à M. Rousseau, il faut qu'ils fassent des fouilles plus fréquentes, et que dans leurs plantations ils substituent le chêne blanc au chêne vert. Avec cette essence, qui peut résister aux plus grands froids de la zone tempérée, ils auront des truffières hors de toute atteinte et ne seront point, comme M. Rousseau, privés tout à coup d'un revenu considérable.

FIN.

TABLE DES MATIÈRES

www.ingramcontent.com/pod-product-compliance
Lightning Source LLC
Chambersburg PA
CBHW070247200326
41518CB00010B/1716